构建企业安全文化及
基本知识问答

姜福川 编

北 京

冶 金 工 业 出 版 社

2013

内 容 简 介

本书针对如何构建企业的安全文化进行编写，具体内容包括：安全文化概论、企业安全文化基本理论、企业安全文化相关术语、企业安全文化构架、企业安全文化建设方法。

本书可供企业领导及员工学习，也可供安全专业的本、专科学生学习参考。

图书在版编目（CIP）数据

构建企业安全文化及基本知识问答/姜福川编 . —
北京：冶金工业出版社，2013. 6
　ISBN 978-7-5024-6290-1

　Ⅰ. ①构… 　Ⅱ. ①姜… 　Ⅲ. ①矿山安全—问题解答
Ⅳ. ①TD7 – 44

　中国版本图书馆 CIP 数据核字（2013）第 111320 号

出 版 人　谭学余
地　　　址　北京北河沿大街嵩祝院北巷 39 号，邮编 100009
电　　　话　(010)64027926　电子信箱　yjcbs@ cnmip. com. cn
责任编辑　李　雪　美术编辑　彭子赫　版式设计　孙跃红
责任校对　李　娜　责任印制　张祺鑫
ISBN 978-7-5024-6290-1
冶金工业出版社出版发行；各地新华书店经销；三河市双峰印刷装订有限公司印刷
2013 年 6 月第 1 版，2013 年 6 月第 1 次印刷
787mm×1092mm　1/16；11 印张；262 千字；155 页
35. 00 元
冶金工业出版社投稿电话：**(010)64027932**　投稿信箱：**tougao@cnmip. com. cn**
冶金工业出版社发行部　电话：**(010)64044283**　传真：**(010)64027893**
冶金书店　地址：北京东四西大街 46 号（100010）　电话：**(010)65289081（兼传真）**
（本书如有印装质量问题，本社发行部负责退换）

前　言

　　安全是企业正常生产的保障，也是人们工作时的基本要求。目前，政府、社会、企业对安全生产都非常重视，各种安全规程和制度建立得也比较完善，然而事故却还时有发生。调查分析认为，造成各类事故的主要原因是人的不安全行为，约占全部事故的80%以上。要把事故控制在最小限度内，必须控制人的不安全行为。

　　企业安全文化是企业发展的软实力，其功能是传播安全生产先进理念，倡导安全生产科学观念，增强安全生产精神动力，提供安全生产智力支持，推进安全管理进步，全面提高员工的安全素质，促使员工养成安全行为习惯。除此之外，企业安全文化还在于它的有效性，也就是：

　　第一，企业安全文化来源于员工对安全的需求。它能提供越来越好的工作质量与生活乐趣，给受这种文化熏陶的员工以安全、幸福、健康与尊严，简单地说，它是以人为本的文化而不是以人为敌或为奴的文化。现实也说明员工喜爱与尊敬这种文化。

　　第二，企业安全文化有足够的凝聚力与亲和力，它能使受这种文化影响的人，聚拢起来，友好起来，而不是恶斗不已、仇视与分裂。

　　第三，每一个企业的安全文化都有其自身的特色，而且要与时俱进，又有足够的对于自身特色的珍爱与信心。

　　企业通过安全文化的建设，从根本上提高企业全员的安全素质，保障企业安全生产；使其成为预防事故的"软实力"，对于预防事故具有长远的战略性意义；创造一种良好的安全人文氛围和协调的人－机－环境关系，对人的行为形成从无形到有形的影响，从而对人的不安全行为产生控制作用，以达到减少人为事故的效果。

　　因此，安全文化建设是一项战略性、治本性、长效性的工程，需要从长计议、持之以恒。建设良好的安全文化，是企业预防事故、安全生产的重要基础保障。

　　本书以问答的形式，对企业建设安全文化给出了较为系统的回答。对想了解企业安全文化的人员和想建设安全文化的企业会有一些帮助。本书还引用了大量的参考文献，这些文献对于编者帮助极大，在此对文献作者表示敬意和谢意。书中谬误和不妥之处，恳求读者予以指正。

编　者
2013 年春

目　　录

3　企业安全文化相关术语 ……………………………………………… 58

3.1　安全承诺 …………………………………………………………… 58

5　企业安全文化建设方法 ………………………………………………………… 139

1 安全文化概论

1.1 安全文化的起源与发展

1-1 安全文化的概念是如何起源的？

文化伴随着人类的产生而产生，伴随着人类社会的进步而发展。安全文化经历了从自发到自觉，从无意识到有意识的漫长成长过程。在世界工业生产范围内，有意识并主动推进安全文化建设源于高技术和高危的核安全领域。1986 年，前苏联切尔诺贝利核电站事故发生以后，国际原子能机构（IAEA）提出了"安全文化"一词。1988 年国际核安全咨询组把安全文化概念作为一种基本管理原则提出，安全文化必须渗透到核电厂的日常管理之中。一个单位的安全文化是个人和集体的价值观、态度、能力和行为方式的综合产物，它决定于安全健康管理上的承诺、工作作风和精通程度。1991 年，INSAG 编写了《安全文化》，给出安全文化的定义："安全文化是存在于单位和个人中的种种素质和态度的总和，它建立一种超出一切之上的观念，即核电厂的安全问题由于它的重要性要保证得到应有的重视。"1993 年国际核设施安全顾问委员会（ACSNI）进一步阐述了安全文化的概念："安全文化是决定组织的安全与健康管理承诺、风格和效率的那些个体或组织的价值观、态度、认知、胜任力以及行为模式的产物。"INSAG 的《安全文化》面世标志着安全文化正式在世界各国传播和实践。

1-2 安全文化的发展可分为哪三个阶段？

国际原子能机构（IAEA）在 2000 年出版的安全系列报告第 11 号确定了安全文化发展的三个阶段。

（1）第一阶段，安全以规则和法规为基础，受符合性驱动。此阶段安全被认为是一个技术问题，只要符合外部强制的规则，安全即能得到满足。此阶段的改进往往受满足监管要求的需要所驱动，而且通常通过管理指令的方式来实现，靠专职人员推动。员工倾向于认为安全是管理层的责任，在很大程度上，安全是被人强加的。

（2）第二阶段，良好的安全业绩成为组织目标，并主要根据以实现安全指标和目标为目的进行管理。此阶段企业将制定与安全相关的、阐明其价值观和目标的愿景或使命的声明，以危险因素和规划程序为第一考虑因素。虽然此阶段的改进可以提高工作所需要的安全环境意识，但它本身并不能在个人和团队的层面获得对安全的承诺和认同。

（3）第三阶段，安全被看成是一个人人都能对改进做出贡献的持续过程。此阶段是实现一个持续改进的过程，它需要充分分享与安全相关的愿景和价值观。企业的大部分员工需要做出充分的承诺，在强化安全的活动中，他们都能够亲自主动地参与其中。承包商和其他相关的人员也能完全自愿地投入其中，每个人对要求和期望都有清晰的理解，而且在其所做的一切工作中展示实现和持续强化安全的承诺。

第三阶段是所有企业应该或正在追寻的力争实现的目标阶段。此阶段安全已经融入企业的血液，安全在企业运行的各个环节都占强势地位。不良的状态和行为被所有员工视为不可接受事件，而且受到公开挑战。进入此阶段的企业已经成为自持式安全文化的学习组织。

1-3 企业安全文化在我国的发展经历了哪些过程?

我国关于企业安全文化的关注和研究兴起于 20 世纪 90 年代初。1992 年，INSAG 的《安全文化》一书被翻译成中文，1993 年 10 月，亚太地区职业安全卫生研讨会暨全国安全科学技术交流会在成都召开，1994 年 3 月，国务院核应急办公室及核学会等单位举办的跨学科的"安全文化研讨会"，标志着我国行业安全文化的正式传播。此后，安全文化在相关行业逐步得到从零星到较为系统的研究。一些主要从事核电安全管理的学者，较为系统地介绍了核电安全文化的渊源与内容。在其他专业领域，如交通、建筑方面的安全管理研究，也有一些学术研究的介绍，如铁路系统的安全文化建设的探讨，在方法论方面，有关学者采用心理学的研究方法研究安全文化。而徐德蜀等著《中国安全文化建设——研究与探索》则是我国较早的关于安全文化建设的著作。经过十年的发展，安全文化的研究越来越受到学术界和实践界的重视，文献积累呈现一个明显的上升趋势。尽管如此，根据文献数据统计，在 1995 年至 2007 年十几年期间，我国关于安全文化方面的文献累积为 1696 篇（以"安全文化"为关键词查询，数据来源：维普资讯中文科技期刊数据库，2007 年统计的截止时间为 11 月 28 日），约占安全管理文献总量的 6.84%，充分说明了我国安全文化研究的弱势地位。

1-4 目前我国安全文化研究主要涉及哪些内容?

目前，我国安全文化研究涉及的议题有：安全文化的概念与结构、评价指标设计、评价方法以及实施模式研究等。在安全文化概念与结构的研究方面，有的学者从组织、班组、个体三个层次讨论了安全文化的构思和建设；在安全文化的评价指标设计方面，相关学者以核电安全文化管理为背景基于 SMART 准则，建立了安全文化业绩评价指标体系；还有学者从核电安全文化的内涵出发，依照目标管理、质量管理等 9 个方面，按照特征分成五个"星级"，形成对管理过程进行定性和定量的"星级"管理绩效评价指标体系；在安全文化的评价方法方面，学者通过对平衡计分卡维度的设定和指标的选择，建立起基于平衡计分卡的安全文化评价模型，并给出了相应的权重确定、指标分值确定、指标标准化和分值计算的方法；也有学者运用 AHP 方法和模糊评价理论建立了煤矿安全文化的 AHP-Fuzzy 综合评价模型，为煤矿安全文化的系统分析和综合评价提供了一套实用的定量方法；还有学者以大亚湾核电站为研究案例，研究了核电站安全文化的概念，构建了相关的安全文化评价指标，并对安全文化的实施及其效果进行了研究，是一个较为系统的安全文化案例研究。

1.2　安全文化与安全科学

1-5　文化与科学的关系是什么？

　　文化孕育了科学，没有文化也就没有科学，任何一种成熟的文化必然孕育出具有这种文化特殊胎记的科学。各种文化总是同物质生产、经济活动、社会交际、安全与健康紧密相关，并形成某种科学理论或以某种特殊技艺为基础。当今我国出现了"文化热"，如质量文化、环境文化、体育文化、企业文化、商业文化、建筑文化、旅游文化、服饰文化、美食文化、瓷文化、酒文化、茶文化……如雨后春笋般涌入市场经济的各领域，都想用高尚的文化和先进的科技影响本领域的发展，借以"文化"的力量达到高的效益和繁荣各自的事业。它们都有各自的悠久文化和与其相应的科学原理。

　　科学是人类社会的一种特殊文化活动，科学是文化最精致、最成熟的结晶；科学是不同文化模式的科学，各自都打上了孕育自己的某种文化的特殊烙印。没有文化的传播、积累和成熟的文化（物质和精神）背景，就不可能出现新的科学。有人认为，科学是个体的认知发展在文化上的对应物，科学是作为传统文化知识的一种生长物；科学是文化发展的一种认知形式；科学是一个文化的、认知的和发展的过程；科学是一种文化过程。

　　从文化的角度看，自然科学是旨在对外在环境进行有效控制的一种社会文化活动，它能提高一定社会区域或某特定地区群体认识世界和改造世界，利用自然或保持与自然共存的能力，使之得以适应并创造更加完美的社会和物质环境，从而实现这个社会领域文化整体的更新和发展。从文化系统的结构看，科学是精神智能层次中的组成部分，实质是人的思想、情感和意志的综合表现，是人对外部世界和自身内心的认识能力及其结果的综合表现。

　　文化是科学的基础，是科学的母体。不同的文化可能孕育出具有自己文化特点的相应科学，但科学是有其自身的特点和作用的，并具有以下特征：

　　（1）科学是文化系统中智能层次的组成部分，属于精神文化领域，属于上层建筑、社会科学。

　　（2）科学是对社会区域群体认识能力和创造能力有效控制的一种社会文化活动，充分利用了自然科学的规律，与自然科学相关。

　　（3）科学是人类社会的一种特殊文化活动，不单纯是知识和成果的静态叠加。

　　（4）科学是研究人与自然界、人与社会（人际关系、社会群体的精神、心理）相互关系的文化活动，科学因素的强弱，反过来也影响社会文化的进步。

1-6　现代科学技术体系分为哪几个层次？

　　科学技术的发展有其自身的变化规律和理论，从古至今，各国科学家、人类历史学家、科学技术发展史学家、科学学家、未来学家等对科学技术体系的建立、演变和发展进行了深入的研究，我国著名学者钱学森教授等也对科学技术体系结构提出了新的构建理论，以系统科学的观点，使科学技术体系结构更加清晰、完整，符合事物客观发展和科学进步的要求。根据系统科学思想，以及科学技术体系学理论，钱学森教授提出了一个崭新的、系统的现代科学技术结构体系，认为从实践到基础理论，现代科学技术应分为4个层次，即工程技术、技术科学、基础科学和马克思主义哲学。

科学技术体系在不断发展、演变、完善，而科学技术体系学不但研究一个时期的特有变化，即"现象学"，还研究不同时期的变化和内外因素及相互关系，即"动力学"，指科学技术体系变化的潜在能力和原因。科学技术体系学也包括了科学技术的发展史，即"科学技术发展史学"，特别是科学技术的近代史学。总之，科学技术有其过去、现在也有其将来，它是在不断演变、进步中发展的。例如系统科学、思维科学和人体科学的诞生，使科学技术体系又增加了新的内容。

1-7　现代科学技术体系包括哪些内容？

科学技术体系由自然科学、社会科学、数学科学、系统科学、思维科学和人体科学六大门类构成，使科学技术体系显得充实和完善。随着科技进步和对科学技术学科体系的深入研究，对客观事物及社会深刻的认识，提出了当代科学技术系统框架结构。现代科学技术有了一个较完整的体系，如图1-1所示。其中九大门类学科通过九大桥梁与马克思主义哲学相连，同时也标出了现代科学技术的4个层次。

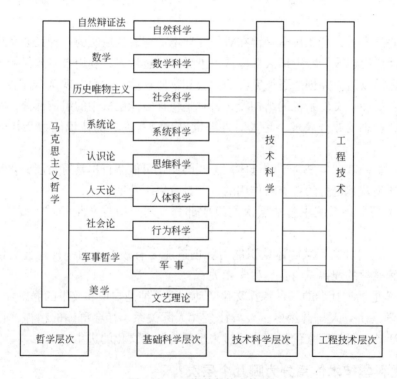

图 1-1　现代科学技术体系

1-8　安全科学的发展及学科体系的建立经历了哪些过程？

20世纪的很长一段时期，劳动安全、劳动保护是作为事业、工作、常识的概念出现的。这样的时代，安全科学在学术上层次较低，在学科上没有地位。进入 20 世纪的中后期，有了对安全技术和安全工程的认识，这使劳动安全的科技含量有了进一步的提高。但是，安全科学作为一门独立的学科，在人类科学技术大家庭中成为独立的一员，这是 20 世纪 80 年代才出现的事。世界第一本《安全科学导论》（Introduction to Safety Science）专著由德国著名工业安全科学学者库尔曼（Kuhimann）所著，1985 年在欧洲发行了德文版本，1993 年在我国出版了中文版本。在此之前，1974 年美国出版了《安全科学文摘》，1979 年英国 W. J. 哈克顿和 G. P. 罗宾斯发表的《技术人员的安全科学》也为安全科学概念的确立提供了重要基础。1990 年在德国科隆召开的第一届世界安全科学大会，与以往的劳动安全国际性专业会议不同，这是用科学学的概念，站在科学的高度来诠释劳动安全的理论与方法的大会。在我国，1992 年国家颁布的国标 GB/T 13745—1992《学科分类与代码》中，安全科学技术成为独立的一级学科，被列为交叉科学一类。安全科学的诞生标志着人类对于劳动安全命题的认识发展到了较高的层次，这是人类劳动安全活动推进的结果。

在学术推进组织方面：1876 年德国以锅炉安全运行为目标的"锅炉和电气设备所有者协会"成立，1917 年英国成立"安全第一协会"，1923 年美国成立"国家安全协会"，1947 年在日内瓦成立国际劳工组织（ILO），1947 年在美国成立"国际飞行安全基金会"，1957 年日本成立"全国安全协会"，1991 年在德国成立"世界安全联合会"，1983 年 9 月中国劳动保护科学技术学会在天津成立。

在专业学历教育方面：英国 20 世纪 20 年代在大学设立职业安全专业；美国在 30 年代开始培养工业安全专业工程师，1956 年在世界上设立第一个消防工程系；日本 1957 年在大学开办安全工学专业；我国在 20 世纪 60 年代开办劳动保护专业，1984 年国家教委在本科目录中列出安全工程专业，1999 年最新修订的本科、硕士、博士学科目录中均设有安全技术及工程学历教育专业。

在安全科学技术进步方面，我国原劳动部于 1987 年首次颁发"劳动保护科学技术进步奖"（1999 年转入国家经贸委颁发国家安全生产科学技术进步奖）；1989 年国家颁布的《中长期科技发展纲要》中列入了安全生产专题，国家"八五"、"九五"科技攻关计划中分别列入了《劳动安全关键技术》、《重大工业事故和建筑火灾预防与控制技术》攻关项目；1997 年 11 月 19 日人事部和劳动部联合颁发了《安全工程专业中、高级技术资格评审条件（试行）》；1999 年我国推行职业安全健康管理体系标准认证工作等。这些对于推进我国的安全科学技术进步发挥着巨大的作用。

1–9 安全文化科学体系可分为哪几个层次？

安全文化学科的体系由安全文化学理论、安全文化的基础科学与安全文化的应用科学三个层次构成。

1–10 安全文化科学体系包括哪些内容？

安全文化科学体系的内容见表 1–1。

表 1 - 1　安全文化科学体系内容

安全文化学理论	安全文化的 基础理论学科	安全文化的应用 理论学科	安全文化的应用 技术学科
安全文化学基础 安全文化的研究理论 安全文化的建设理论	安全观念文化范畴： 安全哲学 安全科学原理 安全史学 ⋮ 安全行为文化范畴： 安全行为科学 安全系统学 ⋮	安全行为文化范畴： 安全文学 安全艺术 ⋮ 安全管理文化范畴： 安全管理学 安全法学 安全经济学 ⋮ 安全物态文化范畴： 安全人机学 安全系统工程	安全行为文化范畴： 安全教育 安全宣传 ⋮ 安全管理文化范畴： 安全管理工程 安全监察监督 安全物态文化范畴： 安全工程技术 卫生工程技术 ⋮

1 - 11　安全文化科学与安全科学有什么关系?

　　安全文化科学与安全科学是相互包容、交叉的关系。即安全文化是一个大的范畴，是人们观念、行为、物质的总和。科学是文化的一个组成部分，因此，安全科学是安全文化的重要组成部分。安全文化科学是用科学的理论和方法来认识安全文化的规律和现象。安全文化科学是建设安全文化、发展安全文化的一种方法和手段。通过安全文化科学的研究，可以有效地指导建设安全文化，推动安全文化的进步。从这一角度看，安全文化科学是安全科学的一个部分。因此，安全文化与安全科学是既有区别又有联系的一对概念。

1 - 12　安全科学与安全文化有什么关系?

　　安全科学是人类社会的一种特殊的安全文化活动，所谓特殊就是以人的身心安全与健康为内容的文化活动，对其活动的规律及运动的本质进行科学研究，就形成了具有安全文化特征的安全科学。当然是先有安全文化，经过文化的传播、积累和扩散，以物质文化、社会文化、智能文化和价值规范（文化）对于一事物（对象）进行安全认知和安全控制。在安全文化的客观领域，由于社会文化发展的需要，加上社会的经济基础和政治环境条件成熟，带有安全（包括健康）特点的安全科学就问世了。人的安全文化、人的健康文化加上对人的活动有机调整的现代安全管理文化三者有机地动态结合，以人的身心安全与健康为目的，以安全为出发点形成了一种特殊的安全科学。图 1 - 2 为安全文化与安全科学的关系。

1 - 13　安全文化建设对于企业有何意义?

　　对于生产经营单位，应用安全文化理论指导企业安全文化建设，具有如下意义：
　　（1）企业安全文化建设是预防事故的一种"软对策"、"软实力"，它对于预防事故具有长远的战略性意义。

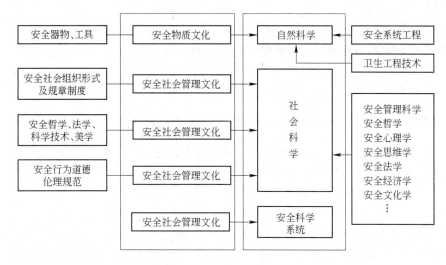

图1-2　安全文化与安全科学的关系

（2）企业安全文化建设是预防事故的"人因工程"，以提高企业全员的安全素质为最主要任务，因而具有保障安全生产的治本性意义。

（3）企业安全文化建设通过创造一种良好的安全人文氛围和协调的人-机-环境关系，对人的观念、意识、态度、行为等形成从无形到有形的影响，从而对人的不安全行为产生控制作用，以达到减少人为事故的效果，因而具有优化安全氛围的深远的长效性意义。

1-14　企业安全文化建设的必要性体现在哪些方面？

在企业文化已经逐步成为企业核心竞争力的今天，突出强化安全文化建设，是确保企业安全生产的重要因素，是企业安全工作的灵魂。为了使企业能在健康、安全、稳定的环境中发展和壮大，创建企业安全文化是一个优秀企业所不可或缺的内容，因为创建企业文化、营造企业"关爱生命、关注健康"的舆论氛围，对推动企业安全管理将产生不可估量的积极作用。它在组织及协调安全管理机制的同时，能创造良好的、安全的作业环境和制定自我约束的管理体系，提高全员安全意识和安全技能，规范其作业行为，也能自觉地帮助他人规范安全行为，减少违章引发的事故，是企业安全管理的重要内容和手段，能使企业生产进入安全高效的良性状态。

企业安全文化对员工产生影响的过程是一个潜移默化的过程，利用安全意识指导行为，达到安全决策和安全操作的目的。安全文化是预防事故的"人因工程"，是以提高全体员工素质为主要任务、保障安全生产的基础性工程。企业安全文化是企业及员工在生产经营和变革的实践中，逐步形成的共同思想作风、价值规律和行为准则，是一种具有企业个性的信念和行为方式，是企业倡导的、被员工群众认可的群体意识和行为准则。建设企业安全文化可形成企业先进的安全理念、群体安全价值观和行为规范，形成良好的安全氛围。安全文化已经成为企业商业信誉的重要组成部分，是企业核心竞争力之一。创建企业安全文化，是提高企业竞争力的一种手段。创建优秀的企业安全文化是保障企业安全生产、保护员工安全与健康、提高广大员工安全生活质量和水平的最根本途径。

企业安全文化建设的必要性主要体现在以下几个方面。

（1）企业安全文化是构建企业平稳发展的前提。

（2）企业安全文化是实现企业安全管理的灵魂。

（3）企业安全文化是凝聚企业员工合作的基石。

1-15　为什么说企业安全文化是构建企业平稳发展的前提？

企业需要发展，但一味追求效益而忽视员工安全的企业必定不能长足发展。企业安全文化有多种表现形式，如安全文明生产的环境与秩序，健全的安全管理体制及安全生产规章与制度，沉淀于企业及员工心灵中的安全意识形态、安全思维方式、安全行为准则、安全道德观、安全价值观等。良好的企业安全文化应该是：安全生产有序；管理制度健全；企业领导、员工重视安全；能够自觉地遵守安全规章制度等。而其精髓是坚持"以人为本"，也就是安全文化建设要为员工福祉服务，安全文化发挥作用要依靠员工遵守、执行。

当前，有的企业存在着这样的怪现象：一方面安全文化上的制度建设很好，很全面、详细，即有严格的安全管理制度。但另一方面却是员工对制度熟视无睹，违章作业、盲目生产。产生这种怪现象的原因在于企业安全文化的基础不牢，安全文化建设停留在表面甚至停留在应付检查层面。企业之所以轻视安全文化建设是因为没有从根本上认识到安全文化对企业发展的意义，更没有下力气做工作使安全文化深入人心，进一步内化为企业员工的思想意识，进而指引员工行为。如果说制度的约束对安全工作的影响是外在的、冰冷的、强制的、被动的。那么安全文化意识的作用则是内在的、温和的、潜移默化的、主动的。良好的企业安全文化不仅会使企业的安全生产环境长期处于相对稳定状态，更重要的是良好的企业安全文化的建立，能使企业的凝聚力大增。因为没有谁愿意在有较大安全风险的企业长期工作，更不会愿意为不把员工身心甚至生命当回事的企业卖力。有研究显示良好的企业安全文化会使员工的思想素质、敬业精神、专业技能等方面得到不同程度的提高。可以说企业要发展没有良好的企业安全文化作支撑是难以实现的，而良好的企业安全文化氛围所具有的凝聚、规范、辐射等功能不仅对调动员工的工作积极性、提高生产效率，促进企业安全生产有巨大益处，而且对提升整个企业管理水平、树立企业的品牌形象、增强企业的综合实力、促进企业平稳发展等都大有裨益。

1-16　为什么说企业安全文化是实现企业安全管理的灵魂？

企业安全文化是存在于单位和个人中的价值观、态度、能力和行为方式的综合产物。它和企业文化同样都是凝聚人心的无形资产和精神力量，是员工精神、素质等方面的综合体现。塑造企业安全文化更是一项长期、艰巨而又细致的心理工作。一种优秀的企业文化的建设不像制定一项具体的制度，提一个宣传口号那样简单，它需要企业有意识、有目的、有组织地进行长期的总结、提炼、倡导和强化，需要切实落实到行动当中去。

企业安全文化是需要设计和管理的，文化必须融入到企业的经营管理当中去。安全文化是社会文化和企业文化的一部分，是以企业安全生产为研究领域，以事故预防为主要目标。安全文化建设重在实践，要用一定的手段来引导。比如运用安全宣传、安全文艺、安全文学等文化手段开展的安全活动。

企业安全文化与企业安全管理有其内在的联系，但企业安全文化不是纯粹的安全管理，企业安全管理是有投入、有产出、有目标、有实践的生产经营活动过程。企业安全文化是企业安全管理的基础和背景，是理念和精神支柱，企业安全文化与安全管理是相互依存、相互促进的关系。

企业安全文化是一个内容极为丰富的范畴，特别是人的安全思维、安全意识、安全心理、安全行为、安全法制观念、安全科技水平等体现了当代大众的安全文化素质。由于经济基础、物质条件、管理方法、科技进步、人员素质等方面的局限性，造成对事故和风险分析与判断的失误，因而使事故隐患仍普遍存在。企业安全文化是安全生产的基础，一个企业安全文化氛围的形成必然推动企业安全生产的发展。

1-17 为什么说企业安全文化是凝聚企业员工合作的基石？

安全文化的重要基础是企业员工共同的安全理想、安全目标、安全愿望及共同的安全使命感，它是使企业内部形成齐抓共管、人人有责、奋发向上、一致努力抓安全的合力，也就是安全凝聚力。被企业员工认同接受的安全文化，如同一面旗帜，使员工自觉簇拥其周围，吸引着员工为理想、目标而努力奋斗，就如同地心引力，把企业中的每一名员工牢牢地凝聚在一起，形成共同的文化观、价值观、发展观、战略观和安全观。先进的安全文化会对企业安全发展产生巨大的推力，能激发员工的信心和凝聚力。

1-18 安全文化建设对人类社会有何意义？

在人类社会的安全策略、思路、规划、对策、办法具体行为过程中，用安全文化建设的理论来指导，其意义在于：

（1）从安全原理的角度，在"人因"（人的因素）问题的认识上，具有更深刻的认识和理解，这对于预防事故所采取的"人因工程"，在其内含的深刻性上有新的突破，如过去我们认为人的安全素质仅仅是意识、知识和技能，而安全文化理论揭示出人的安全素质还包括伦理、情感、认知、态度、价值观和道德水平行为准则等。即安全文化对人因安全素质内涵的认识具有更深刻的意义。

（2）要建设安全文化，特别是要解决人的基本素质问题，必然要对全社会和全民的参与提出要求。因为人的深层的、基本的安全素质需要从小培养，全民的安全素质需要全社会的努力。这就使得实施安全对策，实现人类生产、生活、生存的安全目标，必须是全社会、全民族共同参与，因此，在人类安全活动参与面的广泛性方面，有了新的扩展。即表现出：从生产领域向生活、生存领域扩展；从产业、工厂、企业向学校、机关、研究所、服务行业等领域扩展；从工人、在职人员向社会公众、居民、学生等对象扩展。

（3）安全文化建设的内容和形式，首先是意识、观念、态度、情感和认知等人的精神层面无形的力量，同时还包括行为、技能、形象、标识等有形的方式，相应地就涉及安全宣传、安全教育、安全培训、安全法制、安全管理等软科学的方法，同时也包含安全科技（条件）、现场安全文化工程（器物）、安全设施（环境）等物化手段。因此，在人类安全手段和对策方面，用安全文化建设策略，更具有系统性、整体性和全面性。安全教育、安全宣传、安全培训是安全文化建设的载体，推进安全科技进步、优化安全管理模式、改善安全技术条件是安全文化的表象形式和建设目标。

1.3　安全文化研究现状

1 – 19　国外安全文化研究现状如何？

安全文化的概念在 20 世纪 80 年代由国际核安全领域的专家提出后，经过十多年的发展，目前已经被世界各个国家、各种行业的安全界所广泛接受并得到应用，例如在交通运输（包括航空、道路、铁路、海上等）、建筑、化工、采矿等危险性较大的行业。甚至在军事、医疗等领域都普遍引入了安全文化的概念和方法。

安全文化的系统化发展起源于核电工业。由于核电工业安全问题的重要性，该行业仍然是当前安全文化研究和应用最活跃的领域，其取得的安全文化成果也逐渐向其他领域渗透。国际原子能机构（IAEA）的国际核安全咨询组（IAEA）在 1986 年提出安全文化的概念，并于 1991 年发表名为《安全文化》的报告（即 INSAG-4）。在 INSAG-4 中，对安全文化首次进行了详细定义，并且这一定义被世界许多国家的许多行业所接受，得到广泛的认同。

此后几年，IAEA 在分析了全世界安全文化快速发展形势的基础上，认为对安全文化除了在概念上应该明确以外，还应该对其在实际应用中的效果有更加明确的评价方法，因此在 1994 年制定出了用于评估安全文化的方法和指南——《ASCOTG（Assessment of Safety Culture in Organizations Team Guidelines）指南》（1996 年进行了修订）。该指南明确提出：在对安全文化进行评价时，应该考虑到所有对安全文化产生影响的组织机构的作用，因此除了核电运营组织以外，政府组织、研究和设计组织都应该被包括在考虑范围内。

1998 年，IAEA 发表了安全系列报告中的第 11 号（IAEA Safety Reports Series No. 11）：《在核能活动中发展安全文化：帮助进步的实际建议》。该报告指出企业发展和强化安全文化要经过三个典型的阶段：第一阶段，安全是被动的，并且主要基于法律法规的约束。在这一阶段，安全被认为是技术问题，因此，服从外部施加的法律法规对安全是足够的。第二阶段，好的安全绩效成为组织的目标，并且从根本上以安全策略或安全目标的形式给出组织的目标。第三阶段，安全被认为是一个人人都有责任的不断改进的过程。这三个阶段是对复杂的安全文化发展过程的简化。实际上，安全文化发展三个阶段之间的界限并不清晰；一个组织在发展安全文化的过程中，也许并不表现出这三个阶段所描述的特征，而是以其他方式发展。尽管如此，该报告所提出的安全文化发展阶段基本上是符合实际的，并且对安全工作的发展具有指导意义。

IAEA 认为，在安全文化发展的第一阶段，安全上的进步通常是通过工厂的安全防护技术来实现的，这些防护技术遵循《用于核电厂的基本安全原则》（INSAG-12，1999）中所提出的一些原则，使用基本的系统和过程来控制危险。在这种情况下，改进安全工作的动力一般来自于满足法规要求的需要，而改进得以实现是由于使用了管理规章制度和安全专业人员的结果。员工们倾向于认为安全只是管理者的职责，与己无关，是由其他人强加于他们头上的。

在安全文化发展的第二阶段，企业应该用清晰的语言描述建立安全价值观或安全目标，并且建立实现这一目标的方法和程序。这方面的内容可以参考 INSAG 的第 13 号报告——《核电厂运营安全的管理》（INSAG-13，1999）。在这个阶段，企业的每一位员工都会注意到系统化、文件化的操作规程和规章制度，这些文件规定了哪些能做哪些不能做，工作被计划得很好并且优先考虑安全。然而，在许多企业中，这一阶段的安全对于员工个人来说仍然处于被动的状态，其原因是员工没有参与到安全事务的商讨和决策中来，并且被安全专职人员监视和监督。虽然在这一发展阶段上，能够产生要求工作于安全环境之中的意识，但是并不是在员工个人或班组水平上的对安全的自觉承诺和认识。

实现安全文化发展的第三个阶段，是许多组织正在为之努力奋斗的理想。达到这个阶段是一个不断改进的过程。在此过程中，安全的远见和价值观被要求充分共享；组织中绝大部分员工始终如一地、自觉地、积极地参与到强化安全的事务当中；安全是组织内的"血脉"，不安全的作业条件和行为被所有人认为是不可接受的并且被公开反对。这种"自律"的安全文化可以创造出"安全自我学习"的组织。

IAEA 还认为，一个组织在向安全文化发展的第三阶段努力时，不能幻想跨越前两个阶段而直接进入第三阶段，认识到这一点十分重要。遵守规章制度的文化和高质量的工程技术是实现企业良好的安全绩效保障。

为了帮助核工业组织向安全文化的第三层次发展，INSAG 又于 2001 年发表了《在强化安全文化方面的关键性实践的问题》（INSAG-15，2001）。在该报告中，INSAG 给出了关于安全文化的 23 个关键问题，共分为 7 个方面，即：

（1）（安全）承诺（含 3 个问题）。

（2）程序的使用（含 3 个问题）。

（3）保守（避险）决策的制定（含 3 个问题）。

（4）一种（事件）报告性的文化（含 3 个问题）。

（5）反对不安全行为和条件（含 3 个问题）。

（6）一个（安全）自学习的组织（含 4 个问题）。

（7）基础性的问题：交流、明确的优先性事务和组织（含 4 个问题）。

组织机构可以根据这些问题进行自我测试，以明确自己在安全文化发展上所处的位置，为进一步发展找准方向。

亚洲地区核合作论坛（Forum for Nuclear Cooperation in Asia，FNCA）在促进亚洲及太平洋地区安全文化发展与合作方面做出了重要贡献。该论坛的前身是 1990 年成立的亚洲地区核合作国际大会（International Conference for Nuclear Cooperation in Asia，ICNCA），每年在日本东京召开一次，其目的是在相互信任、相互深刻理解、和平利用核能的基础上，促进各成员国的合作。目前的成员国有中国、日本、澳大利亚、印度尼西亚、韩国、马来西亚、菲律宾、泰国、越南共 9 个国家，国际原子能机构也派人员参加。在 1999 年的第十次大会上，决定将 ICNCA 更名为 FNCA。在 1996 年 5 月召开的第七次大会上，澳大利亚代表提议在核能安全文化上进行区域性合作，该提议被通过并决定从 1997 年起每年召开一次"核安全文化项目研讨会（Workshop of the Nuclear Safety Culture Project）"。其目的是：在各个国家之间建立交流安全文化发展的信息论坛；促进各国在非动力反应堆设施的国家政策上应用安全文化的原则；开发安全文化的评价工具，并在年度报告中使用这些工具所评价的安全文化的指标；促进核安全大会所制定的原则应用于研究核反应堆。从

1997 年开始，核安全文化项目研讨会已经召开了 5 次。其中 2000 年 9 月份的第 4 次会议，是在我国上海召开的。各次研讨会的简况如表 1 - 2 所示。

表 1 - 2 核安全项目研讨会情况

时　间	地　点	会　议　议　题
1997 年 1 月	悉尼	（1）在核电工厂核非动力反应堆场所实施安全文化的演讲； （2）各工作小组的情况，例如规章制定者的职责、运营组织的基本要求和指标的定义等； （3）从伤亡事故和一般事故中吸取经验的回顾
1998 年 1 月	悉尼	（1）研究核反应堆运行方面的安全文化（管理结构、安全委员会、安全统计、安全文化标志、事故报告和处理系统等）； （2）与研究核反应堆相关的行为研究（态度或人类因素研究）； （3）安全许可和法规系统（内部和外部安全批准/特许系统、运营者/法规制定者的界面）
1999 年 4 月	吉隆坡	（1）IAEA 安全文化项目； （2）核安全大会和安全文化； （3）安全文化调查； （4）安全文化活动指标
2000 年 9 月	上海	（无资料）
2001 年 9 月	东京	（无资料）

在第三次核安全文化项目研讨会上，与会代表一致同意今后使用六个方面的特征定期报告核安全文化领域的活动。这六个特征是：

（1）为讨论和促进本组织的安全文化，管理层与员工之间召开的会议（必须提供由于这些会议所产生的活动或改进的案例报告）。

（2）一个用于分析事故以确定人的因素和吸取教训以改善安全文化的系统（必须提供书面的所取得效果的案例）。

（3）与改善安全文化有关的培训活动（必须提供这些活动的类型和内容目录）。

（4）法规制定者、工程承包者和反应堆使用者同时讨论安全文化的会议或活动（必须提供讨论的题目和结果）。

（5）用于确定员工态度的调查、行为研究等（必须提供调查或研究的结果）。

（6）为促进安全文化活动所分配的足够的资源（可以提供实例）。

安全文化除了在原子能利用领域应用较为广泛以外，在其他许多领域中也得到了应有的重视。

美国蒙大拿州立法机构于 1993 年颁布了一部《蒙大拿州安全文化法》（Montana Safety Culture Act），制定该法的目的在于激励雇员和雇主采取合作以创造和实现工作场所安全的理念，并且使蒙大拿州的所有雇员和雇主都高度重视工作场所的安全。

美国国家运输安全委员会（US National Transportation Safety Board，NTSB）在 1997 年 4 月召开了以"合作文化与运输安全"为主题的全国研讨会。参加研讨会的代表共有 550 名，均来自于该委员会的成员单位，包括商业航空、公路运输、铁路、海上运输、管道运输和危险材料安全等。召开此次研讨会的目的是由于委员会的事故调查人员日益认识到：在导致工伤事故的事件中文化因素起着关键的作用。这次会议以后，安全文化在很多企业得到重视和应用，其中民用航空、高速公路、铁路和船只货物运输等系统都在积极研究和应用安全文化。

澳大利亚矿山委员会组织进行了一次全国矿山安全文化大调查，该调查从1998年开始，到1999年结束，其目的是评估矿山员工的工作态度和价值观，为工作统计、信息交流、生产与安全的关系等方面工作提供决策支持。该调查是澳大利亚类似调查中规模最大的，涉及42个矿山、工厂和选矿厂的6718名员工，包括各层次的人员（经理、工程师、工人），有许多企业是全体人员均参加。这个调查采用的方式为被调查者分成8个组回答41个问题的方式进行。通过这次调查，澳大利亚矿山委员会得出了以下一些结论：

（1）绝大部分人认为：矿山管理者对工人价值的重视和关心程度不够，并因此会破坏矿山工业部门对改进安全的承诺。

（2）重视安全的动力来自于对外部压力的反应，而不是产生于达到改进安全绩效的内部需求。

（3）工业中广泛分布着不安全的工作，会对所提倡的改进安全的努力有所妨碍。

（4）所有的工人调查组均指出，对安全管理系统和安全培训教育的质量高度不满意。

（5）安全委员会得到管理部门的支持相对不足，这将影响其工作效率。

（6）对现场安全专家的工作有很高的重视，特别对管理者调查组来说更是这样。

（7）有必要改进正式或非正式的认识和了解安全工作的程序。

（8）相对于管理者来说，有更高比例的雇员怀疑"零事故"的目标是可以达到的。

（9）大家一致认为良好的工作小组内部之间以及和直接监督者之间的关系，对于改进安全工作有积极的意义。

（10）与人们的一般感觉不一致的是：对这次调查的回答，矿山承包者比雇员更加积极。

（11）在所有的调查分组中，小矿山比大矿山参与调查更积极等等。

1-20 国内安全文化研究主体现状如何？

目前国内安全文化研究从主要由政府部门推动转向以学界研究为主。由于文化历史因素的制约，与世界其他国家不同，我国安全文化探索最开始是由政府主导推动的，但是政府的职能主要是解决实际问题而不是学术研究，充其量也就是政策研究。然而我们不能否定政府部门的主导推动，政府推动学术研究也是它的职能之一。改革开放前期，我国的安全文化建设和研究主要是由劳动部及其下属的协会机构在进行，如20世纪90年代初当时任劳动部部长的李伯勇同志就明确提出要把安全工作提高到安全文化的高度来认识，从根本上解决我国安全工作长期存在的"事倍功半"的问题。再后来就是由中国劳动保护科学协会和四川协会、职业健康协会、煤炭工业协会等一些半官方性质的机构在进行研究。首先是由中国劳动保护科学协会主要刊物《中国安全科学学报》编辑部和《警钟长鸣》编辑部携手合作，于1993年、1994年开辟专栏专版系统加强"安全文化"研究和报道。进入21世纪后，我国安全文化研究的重心逐渐转移到高校和一些专职科研机构，如中国劳动保护科学技术学会、中国地质大学、中国矿业大学、北京科技大学、天津大学和中国煤炭科学研究所、中国煤炭安全学会、四川劳动保护学会等掀起了中国安全文化研究高潮，并且转向了以这些高校和研究机构为主的安全文化研究态势；但目前政府仍然在发挥它应有的推动者角色的作用，如国务院召开"关于进一步加强安全生产的决定"就提出要加强安全文化建设和研究；再如国家安全生产监督管理总局管辖下的中国安全生产科学研究院、煤炭信息研究院等单位也在加紧进行安全文化的纵深研究，并且取得了一定成果。2005 年中央关于"十一五规划"的建议中首次提出了"安全发展"的概念，这是安全文化重要范畴之一，并且有文章与中共中央提出的"和谐社会"理念联系起来进行了思考。

1－21　国内安全文化研究主要在哪些领域？

目前国内安全文化研究正在从煤矿为主转向其他领域研究。我国安全文化研究首先源于国外的经验和成果，如 1994 年初国务院核应急办公室召开了核工业系统核安全文化研讨会，传播了国际核安全文化的理念。但不是在核工业领域首先应用探索，而主要放在矿山尤其是煤矿安全文化建设与研究方面，这与我国国情有关。如我国学者 1993 年首次参加"亚太地区职业安全卫生研讨会暨全国安全科学技术大会"（成都）后，于 1994 年在煤炭大省山西的太原由劳动部安全生产管理局及下属的中国劳动保护科学技术学会共同举办"全国安全生产管理、法规及伤亡事故对策"研讨会，主要还是探讨矿业尤其是煤矿的安全生产管理、法规政策问题，其中"安全文化"的论文成为热门成果。但随着社会主义市场经济的迅速发展以及政府职能的调控和政府管理部门的重新调整，我国安全文化研究也逐步由矿业为主转向其他领域，多头并举，如交通安全文化、校园安全文化、社会公共安全文化、建筑安全文化、地质和火灾等灾害安全预防文化研究热一度兴起，各种研讨会、论文论著和大型调查研究相继涌现。

1－22　国内安全文化研究学科发展现状如何？

目前国内安全文化研究学科正从单一或几类学科为主转向多学科既分又合的研究。起初，国内安全文化研究集中于矿山类安全问题，而且基本上是由采矿安全、安全（技术）工程、环境保护工程等学科的专家学者附带地进行研究，突出以安全工程和安全科技为主、安全文化研究为辅的模式，偶尔有单纯的安全经济学研究学者在进行安全文化的分科研究。目前，国内除了单纯进行安全文化总论研讨外，纷纷走向各分科领域的安全文化研究。安全经济学、安全管理学、安全心理学（安全行为学）是我国安全文化三大重点分科领域，并且成果愈来愈成熟，而安全哲学、安全社会学、安全法学、安全伦理学、安全新闻学也开始有所涉及，并且出现了一些成果。

1－23　国内安全文化研究采用什么方式？

目前国内安全文化研究方式主要呈现出有关调研、文章著作和研讨会多头并举的局面。

1－24　近年来国内与安全文化有关的调研有哪些？

近年来国家政府部门等有关机构牵头组织的大型调查研究有三次：一是 2001 年前后由 100 名院士组成的安全生产调查组进行了全面普查，最后形成了 60 万字的调研报告《我国安全生产的形势、差距和对策研究》交给国务院作为政策咨询；二是 2005 年由全国人大常委会副委员长李铁映为组长的全国煤矿安全生产法执法情况的调查，最后形成综合报告交付国务院研究决策，并向社会公布；三是国家安全生产总局 2005 年从相关高校和科研院所抽调相关专家，组成"专家会诊调查组"对全国煤矿进行了全面"会诊"，最后形成了《煤矿安全技术专家会诊资料汇编》并汇报国务院进行政策决策研究。

1-25 近年来国内与安全文化有关的论著有哪些？

论著方面，我国第一部安全文化研究著作是 1994 年底由《中国安全科学学报》编辑部和《警钟长鸣》报社共同组织、徐德蜀先生主编、四川科学技术出版社出版的《中国安全文化建设——研究与探索》一书；1999 年甘心孟、林宏源主编出版了《安全文化导论》；2002 年国家安全生产监督管理局政策法规司组织编写出版了《安全文化新论》。分科著作、教材有《安全经济学》、《安全心理学》、《安全管理学》等相继出版发行，2007 年《安全社会学》专著出版。论文方面，近年来一直方兴未艾，层出不穷。国家安全生产监督管理局 2003 年还专门开设了"安全文化网站"、"安全第一网站"等，刊载安全文化研究方面的电子媒体论文。

1-26 近年来国内与安全文化有关的会议有哪些？

会议方面，1995 年 4 月中国劳动保护科学技术学会牵头，《警钟长鸣》报社、中国地质大学、北京建筑设计研究院、广州铁路集团公司等在北京联合举办了"全国首届安全文化高级研讨会"，来自相关学会、院所和高校的 120 多名学者参加，首次对我国安全文化建设跨行业、跨地区、跨学科、跨部门的研讨。会上李伯勇提出"安全文化是我国安全事业发展的基础"思想，并通过了提交给国务院的《中国安全文化发展战略建议书》。2002 年起国家安全生产监督管理总局每两年组织一次中国安全生产国际研讨会，内容除了安全科技问题探讨外，安全文化研究论文也是一大特色。2003 年国家安全生产监督管理局宣传教育中心牵头主办了"安全文化与小康社会"国际研讨会，中国地质大学、北京航空航天大学、美国杜邦公司驻中国总部等学术代表作了研讨发言。其他各类专业行业方面也都组织召开了本系统的安全文化研讨会。

1-27 国内安全文化建设有哪些特点？

总体看，当前国内企业安全文化建设势头比安全文化研究势头强劲。我国学术界安全文化研究滞后于企业安全文化实践与我国国情也有关系。因为政府部门首先把解决安全文化建设的任务交给国有企业和大型私营企业，并且要求企业组织务必承担和落实安全文化建设的责任。但仔细考察，我国企业安全文化建设的重点是企业本身的企业文化的形成，而企业文化的形成其核心又是企业管理文化的基础。在政府的推动下，首先是在企业生产管理层面强调得多，并且附带有一定的强制性经济惩罚措施，因此与后来学术界强调的"以人为本"、"以员工为主"，强化安全意识和安全理念为主体建构的安全文化研究大有不同。当然企业安全文化建设与学术界安全文化研究最终会形成良性互动而相互促进，相互补充，相得益彰。主要表现有以下几个特点：

（1）安全文化建设主体层面。政府、企业、个体之间的互动构建。安全文化建设中，政府起主导作用，企业（组织）重在落实，个体在于内化安全文化理念或执行企业（组织）的安全文化建设任务。从政府角度看，安全文化建设是面向全社会，例如 2000 年以来国家安全生产监督管理总局在每年工作计划、科技规划和"十一五安全生产规划"中都把安全文化建设作为重要一块提出来进行勾画和设想，力求全社会尤其是各级各类生产组织、行政管理部门都要重视安全文化建设，深化安全理念，增强全民安全意识等。在企业（组织）方面，则把完善和建设安全文化落到实处，多从企业文化入手，在安全管理制度、安全岗位与职责、安全实施、安全培训、安全保障条件、安全文化氛围、安全文化活动等方面进行了多方面探索，有的企业还有很多创新；有的国有企业除了规定的安全检验部门外，党组织、工会、共青团、妇联（女员工工作委员会）等组织也介入了"群众安全监察"系列。相比较而言，国有企业的安全文化建设要远远强于民营（私营）企业，有的民营（私营）企业根本谈不上安全文化建设，如大量使用农民工的煤矿在对员工的安全培训和安全意识强化训练方面几乎是空白，这也是为什么民营（私营）煤矿矿难发生率要高于国有煤矿的重要原因所在。从个体方面看，安全管理员、安全监督员、安全技术员等在企业里尤其国有企业里相对配备比较齐全；国有企业的员工安全意识比较强、安全技术掌握得比较好；在民营（私营）企业里，目前农民工的安全维权意识相对过去有所增强。总体上看，在政府、企业、个体之间的安全文化互动构建的势头在增强。

（2）安全文化建设制度层面。宏观上的安全法律法规与中观上的安全管理制度在逐步完善。文化本身包括制度文化，安全制度建设本身就体现为一种制度性的安全文化建设。从宏观层面看，国家有关的安全生产法律法规、安全技术标准从新中国成立以来都在随着形势不断完善，但与发达国家相比较尚比较落后。例如我国的《安全生产法》2002年才正式颁布实施，而日本、欧美等国家早在工业化初期就已经完备，其安全保障制度也相当成熟，当然我国的安全法律法规建设的滞后本身与国家工业化的几起几落、缓慢推进是有很大关系的。目前我国的安全法律法规具体包括：一是各类安全生产法律法规（包括应急预案）；二是各类安全技术标准制度，如煤矿开采技术规程、建筑施工规程等；三是安全保障制度如工伤保险制度、伤亡赔偿制度等，还有就是在相关的刑法、党纪条例等方面也都相应地对安全责任进行了规定。从中观组织层面看，主要是各级各类安全管理制度，主要体现在各类生产企业组织中，如"安全生产责任制"、"安全技术员职责"、"群众安全监察员制度"等，而且在一些国有企业中还结合各自特点开展了安全管理和安全监督检查的制度创新，有效排查了安全隐患，预防了安全事故的发生。就安全文化建设本身的制度而言，最主要的是有些政府部门尝试推行过"安全文化建设实施纲要"、"安全文化规划纲要"，一些国有企业制订了自己的"安全文化建设方案"、"安全文化建设细则"等。

（3）安全文化建设活动层面。社会与企业组织的安全文化活动丰富多彩，在全社会层面上看，每年全国开展的"安全生产周"、"安全生产月"、"安全生产万里行"、"关注安全，关爱生命"、"安全发展，国泰民安"等活动以及"安全第一，预防为主"、"三同时"、"五同时"等教育培训活动开展得有声有色。在各地方政府、各企业组织内部，安全文化活动的开展也是丰富多彩的，如安全文化建设汇演、安全诗歌大赛、安全文化文学等。安全文化活动媒介也是多管齐下，电视、广播、网络、报纸、杂志等全面开花。安全文化在强化人的安全意识、安全理念方面起了重要的作用。但是，安全文化建设不能仅仅停留在活动层面，活动开展的最终目的是为了促进企业的安全生产、安全发展及社会的和谐。

1-28　目前安全文化理论研究有什么进展？

近10年来，安全文化理论研究的重要方面之一是关于安全文化的定义。IAEA 在 IN-SAG-4 中给出的第一个安全文化的定义，得到许多人的认同并且经常被引用；英国健康安全委员会核设施安全咨询委员会（HSCASNI）对安全文化的定义被引用得也较多。但是，也有许多人并不认可这两种定义，因此试着重新给出安全文化的定义。安全文化的定义至今已有不下十几种。道格拉斯·韦格曼等人在2002年5月向美国联邦航空管理局提交了一份对安全文化进行总结的报告，其中讨论了各种安全文化的定义，在此基础上，提出了一个他们认为较全面的安全文化的定义："安全文化是由一个组织的各层次、各群体中的每一个人所长期保持的，对职工安全和公众安全的价值及优先性的认识。它涉及每个人对安全承担的责任，保持、加强和交流对安全关注的行动，主动从失误的教训中努力学习、调整和修正个人和组织的行为，并且从坚持这些有价值的行为模式中获得奖励等方面的程度"。韦格曼等人认为，在他们给出的这个定义中使用的都是中性词，即该定义隐含着这样的意思：组织的文化是一个连续的统一体。所以组织要么有一个良好的安全文化，要么有一个不良的安全文化。也就是说，组织的安全文化不是有或没有的问题。认识到这一点很重要。正因为这样，组织的安全文化才能被评价和不断地改进，而不是被简单地引入或灌输到组织中。从韦格曼等人对安全文化所下的定义中，我们还可以看出，该定义强调组织中每一个人（即从最高层的领导到最底层的员工）对安全价值观的保持、责任的承诺、行为的调整和改进等，这代表了西方人目前对安全文化的总体认识。用我国安全界对安全文化的认识来看，该定义仍然是只涉及人的安全观念和行为素质的狭义的定义。

在安全文化理论研究的另一个较为重要的方面，是关于如何对一个组织的安全文化状况进行评价。要评价首先要确定从哪些方面对文化进行衡量，每一个衡量的方面应该代表文化的一个特征，有大量的文献给出了衡量企业安全文化的表征体系，包括许多中介服务机构在向用户提供安全文化评价服务时所使用的。目前，对安全文化进行衡量的表征，究竟应该有哪些，还没有定论，有关文献中提出的方法各不相同，表征数量从2个到19个不等。我们在前文谈到亚洲地区核安全文化项目研讨会提出的衡量表征有6个。韦格曼等人在分析了大量评价系统的基础上，总结出安全文化至少有5个通用的表征，包括组织承诺、管理参与程度、员工授权、奖惩系统和报告系统。

（1）安全文化中的组织承诺。就是企业组织的高层管理者对安全所表明的态度。组织高层领导对安全的承诺不应该口是心非，而是组织高层领导将安全视作组织的核心价值和指导原则。因此，这种承诺也能反映出高层管理者始终积极地向更高的安全目标前进的态度，以及有效激发全体员工持续改善安全的能力。只有高层管理者做出安全承诺，才会提供足够的资源并支持安全活动的开展和实施。

（2）安全文化中的管理参与。是指高层和中层管理者亲自积极参与组织内部的关键性安全活动。高层和中层管理者通过每时每刻参加安全的运作，与一般员工交流注重安全的理念，表明自己对安全重视的态度，这将会在很大程度上促使员工自觉遵守安全操作规程。

（3）安全文化中的员工授权。是指组织有一个"良好的"授权予员工的安全文化，并且确信员工十分明确自己在改进安全方面所起的关键作用。授权就是将高层管理者的职责和权力以下级员工的个人行为、观念或态度表现出来。在组织内部，失误可以发生在任何层次的管理者身上，然而，第一线员工常常是防止这些失误的最后屏障，从而防止伤亡事故发生。授权的文化可以带来员工不断增加的改变现状的积极性，这种积极性可能超出了个人职责的要求，但是为了确保组织的安全而主动承担责任。根据安全文化的含义，员工授权意味着员工在安全决策上有充分的发言权，可以发起并实施对安全的改进，为了自己和他人的安全对自己的行为负责，并且为自己的组织的安全绩效感到骄傲。

（4）安全文化中的奖惩系统。就是指组织需要建立一个公正的评价和奖惩系统，以促进安全行为，抑制或改正不安全行为。一个组织的安全文化的重要组成部分，是其内部所建立的一种行为准则，在这个准则之下，安全和不安全行为均被评价，并且按照评价结果给予公平一致的奖励或惩罚。因此，一个组织用于强化安全行为、抑制或改正不安全行为的奖惩系统，可以反映出该组织安全文化的情况。但是，一个组织的奖惩系统并不等同于安全文化或安全文化的一部分，从文化的角度说，奖惩系统是否被正式文件化、奖惩政策是否稳定、是否传达到全体员工和被全体员工所理解等才更属于文化的范畴。

（5）安全文化的报告系统。是指组织内部所建立的、能够有效地对安全管理上存在的薄弱环节在事故发生之前就被识别并由员工向管理者报考的系统。有人认为，一个真正的安全文化要建立在"报告文化"的基础之上，有效的报告系统是安全文化的中流砥柱。一个组织在工伤事故发生之前，就能积极有效地通过意外事件和险肇事故取得经验并改正自己的运作，这对于提高安全来说，是至关重要的。一个良好的"报告文化"的重要性还体现在：对安全问题可以自愿地、不受约束地向上级报告，可导致员工在日常的工作中对安全问题的关注。需注意的是，员工不能因为反映问题而遭受报复或其他负面作用；另外要有一个反馈系统告诉员工他们的建议或关注的问题已经被处理，同时告诉员工应该如何去做以帮助其自己解决问题。总之，一个具有良好安全文化的组织应该建立一个正式的报告系统，并且该系统被员工积极地使用，同时向员工反馈必要的信息。

（6）安全文化中的培训教育。除了上述韦格曼等人所提出的5种评价因素外，实际上还应该有一个评价安全文化的重要因素，就是培训教育。安全文化所指的培训教育，既包括培训教育的内容和形式，也包括安全培训教育在企业重视的程度、参与的主动性和广泛性以及员工在工作中通过传、帮、带自觉传递安全知识和技能的状况等。

当前国际上对安全文化进行研究的趋势还表现在将安全文化与其他安全科学的理论相结合，例如与"基于行为的安全管理"理论、人因失误理论、全面安全管理理论、安全气氛学等相结合。

1-29　针对安全文化的表征有哪些评价方法？

有了关于安全文化的表征，还必须根据这些表征建立具体的评价方法。这方面的研究和论述不胜枚举，大致说来，有定性评价方法和定量评价方法两大类，目前的趋势是采用定量评价的方法。但是由于对安全文化的量化是一件较为困难的事，因此目前还没有统一的量化标准。量化的方法往往是采用标准化问题答卷，类似于量化的安全检查表。除了方法以外，在对安全文化进行评价时，还要考虑评价的层次和范围（即对企业全面进行评价还是只评价企业的某个局部，例如对于铁路运营的企业，是公司全面评价还是某个车站的评价或某趟列车的评价），评价的过程和操作步骤等。

1-30 企业安全文化的发展可以分为哪五个演化层次？

澳大利亚专业人员将企业安全文化的发展分为五个演化层次，如图1-3所示。

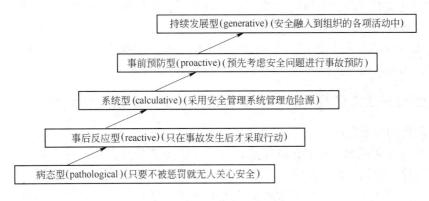

图1-3 安全文化发展层次

（1）第一层次是病态型（pathological）：企业只关心有关上级部门的检查，只要不被有关部门查处、惩罚，就不会主动采取安全措施。

（2）第二层次是事后反应型（reactive）：企业认为安全很重要，但只在事故发生后寻求解决方案，安全的对策和措施是被动、滞后的。

（3）第三层次是系统型（calculative）：企业设立安全管理仅仅管理系统内部的危险源，安全管理方式形式化、教条化；企业内部员工和管理者遵守管理章程，但并不认同这种管理章程。

（4）第四层次是事前预防型（proactive）：企业内部员工和管理者已经开始认同安全对他们的重要性和实际价值，开始试图预见并提前采取预防的措施以应对可能出现的安全问题。

（5）第五层次是持续发展型（generative）：安全行为已经完全融入到组织运行的各个方面。安全的价值观已经转化为无形和强烈的意识，安全业绩和目标已成为员工的内在信仰。

研究企业安全文化的演化层次，用以指导企业，推进安全文化进步，并使安全文化向高层次、高水平的目标和方向发展。

1-31 企业安全文化发展的"四阶段论"是指哪四个阶段？

我国设计了企业安全文化发展的"四阶段论"，以对企业安全文化发展状况进行分析诊断，以指导企业推进和发展本土的安全文化。

（1）第一阶段：早期低级的无序阶段——无意识的"自发式"。

（2）第二阶段：初期初级的被动依赖阶段——应付"被迫式"。

（3）第三阶段：中期发展的自觉主动阶段——自主"自律式"。

（4）第四阶段：成熟高级的本质型阶段——能动"本质式"。

1-32 企业安全文化发展的"四阶段论"的第一阶段有什么特点？

这一阶段的特点是：

（1）观念文化层面：宿命论盛行；事故无能为力的基本观点；认识事故只听天由命；单纯追求生产效益，认为安全是无益的成本等。

（2）行为文化层面：对事故的发生顺其自然，无力控制；只有事后处理，无事前预防；对事故规律无知，安全管理无目标、无方向。

（3）安全管理层面：安全管理是传统的就事论事，管理无序，以罚代管，对员工无安全培训，无主动的安全投入；安全责任不明确，安全规章不健全。

1-33 企业安全文化发展的"四阶段论"的第二阶段有什么特点？

这一阶段的特点是：

（1）观念文化层面：经验论的特点；仅仅局部安全的认识观；具有初级的安全责任意识，事故损失意识；无内在安全动力。

（2）行为文化层面：安全管理建立在监管和外部的压力上；管理制度形式化，安全措施虚化、表面化；管理者的安全承诺是被迫的；制定的安全目标和 HSE 政策执行力有限；制定规则和程序落实不力；重惩罚、轻激励；仅仅注意设备安全性能，缺乏管理文化。

1-34 企业安全文化发展的"四阶段论"的第三阶段有什么特点？

这一阶段的特点是：

（1）观念文化层面：系统论；人－机－环境系统认识，综合对策意识，安全综合效益意识，生命第一原则。

（2）行为文化层面：安全培训加强，安全素质得到提高；强调个人知识和管理者安全承诺，企业组织自身安全需要得到强化；自我管理、科学管理得到实现；注重自身的安全表现；安全投入加大；注重安全技术措施。

（3）这一阶段还存在如下缺陷：安全文化缺乏特色，超前管理能力有限，本质安全程度较低；安全业绩有待改善，企业安全文化仅仅处于行业先进水平。

1-35 企业安全文化发展的"四阶段论"的第四阶段有什么特点？

这一阶段的特点是：

（1）观念文化层面：本质论；超前预防型，企业具备安全超前意识、预警预防意识、安全文化意识。

（2）行为文化层面：超前预防和本质安全增强，安全管理体系和综合对策能够实现，员工安全素质全面提高，激励机制、自律机制良化和增强，说到、做到并经得起检验的 HSE 承诺，企业安全文化特色建立，注重安全商誉和企业形象，建立科学超前的安全系统目标——"零三违、零隐患、零事件"。

1-36 什么是班组"细胞理论"模型?

企业基础管理工作的好坏与三个要素密切相关,它们分别是员工、岗位和现场。一个企业要取得基础管理的成功,关键要在这三个基本要素上下功夫,使其可以健康运行和动态整合。这三个要素相互联系所构成的模型就是班组"细胞理论"模型,如图1-4所示。班组管理的核心是员工,关键在岗位,而所有的班组工作都紧密地围绕着现场,因此可以认为在班组这个企业细胞中,员工是组成细胞的细胞核,其工作岗位是细胞质,而生产现场则是班组细胞的细胞壁。只有细胞中每个部分都强健有力,细胞才能健康,机体才会成长。

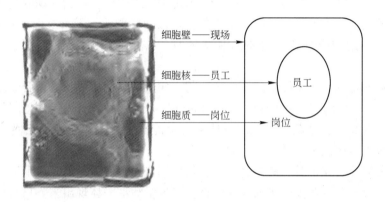

细胞壁——现场

细胞核——员工

细胞质——岗位

员工

岗位

图1-4 班组安全文化"细胞理论"

1-37 班组安全文化"细胞理论"产生的背景是什么?

2006年,国家安全生产监督管理总局、国家企业安全监察局、国家发展和改革委员会、监察部、劳动和社会保障部、国务院国有资产监督管理委员会、中华全国总工会等七部委联合发表《关于加强国有重点煤矿安全基础管理的指导意见》,在该文中,七部委强调,各国有重点煤矿应该认清加强安全基础管理的重要性和紧迫性,国有重点煤矿的安全状况直接影响煤矿安全的全局。安全基础管理薄弱是当前国有重点煤矿安全生产的突出问题。总体上看,国有重点煤矿安全管理有基础、有经验,但由于体制、结构、市场等诸多因素变化,安全基础管理出现不适应甚至滑坡的状况。主要表现在:一些企业领导思想认识不到位,对安全生产不重视,安全责任制不到位;技术管理、现场管理、设备管理弱化,劳动组织管理松弛,以包代管较为普遍;安全投入不足,工作质量、工程质量、材料设备质量达不到安全标准要求;规章制度执行不严,"三违"现象时有发生;队伍培训缺失,不适应安全生产的要求等。必须把加强安全基础管理工作摆上重要位置,抓住关键,抓住薄弱环节。采取有力措施,迅速改变上述不良状况。

在国家七部委下达文件之前,企业与中国地质大学(北京)安全研究中心成立研究课题,旨在提高企业基础安全管理工作。在上述两方面的条件下,人们开始思考基础安全管理工作应该从何处入手,该以何种思路进行研究,这些便是班组安全"细胞理论"模型产生的背景条件。

1-38 为什么说班组是企业的细胞？

班组是企业组织生产经营活动的基本单位，是企业最基层的生产管理组织。企业的所有生产活动都在班组中进行，所以班组工作的好坏直接关系着企业经营的成败，只有班组充满了勃勃生机，企业才会有旺盛的活力，才能在激烈的市场竞争中长久地立于不败之地。

细胞是由膜包围着含有细胞核的原生质所组成，细胞能够通过分裂面增殖，是生物体个体发育和系统发育的基础。细胞或是独立的作为生命单位，或是多个细胞组成细胞群体或组织、或器官和机体。班组在企业所处的地位，人们一般都形象地用表现生命现象结构和功能的基本单位细胞来形容。这是因为班组是企业组织生产经营活动的基本单位，是企业中最基层的生产管理组织，班组处于增强企业活力的源头，精神文明建设的前沿阵地，也是企业生产活动和推进技术进步的基本环节，它在形式上与细胞构成生命现象有些相似。

机体的坏死是从一个个细胞的坏死开始的，要想机体健康成长，就要着眼于细胞的健康，同样的，"班组细胞"是企业这个"有机体"杜绝违章操作和人身伤亡事故的主体。只有人体的所有细胞全都健康，人的身体才有可能健康，才能充满了旺盛的活力和生命力。所以说班组是增强企业活力和生命力的源头。

企业活力的源泉在于员工的积极性、智慧和创造力。班组是员工从事劳动、创造财富的直接场所，员工在企业中的主人翁地位首先在班组活动中体现出来。只有班组每个成员的积极性、主动性、创造性充分调动起来，合理发挥出去，企业才能充满生机。班组搞不好，企业活不了。所以，加强班组建设是增强企业活力源泉的一项重要工作。

1-39 为什么说员工是细胞核？

细胞核是细胞的控制中心，在细胞的代谢、生长、分化中起着重要作用，是遗传物质的主要存在部位。一般说真核细胞失去细胞核后，很快就会死亡，安全管理大师海因里希认为，88%的事故都是由人的原因引起的，人因是系统安全的首要核心因素，是班组细胞中的细胞核。强健有力的细胞核是细胞成长的核心。

强化教育培训，提高员工的素质是增强企业"细胞核"生命力的最有效途径。加强教育培训，主要是指对班组进行技能、安全生产、岗位职责和安全标准等方面的教育培训，同时将培训成绩记入个人档案，与个人的工资、奖金、晋级、提拔挂钩。

1-40 为什么说岗位是细胞质？

班组管理的好坏直接影响着区级、矿级乃至企业的管理效果，班组管理的关键体现在工作岗位上，员工是班组的细胞核，岗位则是班组细胞的细胞质。而大多数生命活动都在细胞质里面完成，提供细胞代谢所需的营养。细胞质的"营养"程度，就决定了细胞核的成长。因此，在企业中实行岗位责任制，保证了岗位的"营养"。

岗位安全责任制，就是对企业中所有岗位都明确地规定每一个人在安全工作中的具体任务、责任和权利，以便使安全工作事事有人管、人人有专责、办事有标准、工作有检查，职责明确、功过分明，从而把与安全生产有关的各项工作同全体员工联系、协调起来，形成一个严密的、高效的安全管理责任系统。

实行岗位安全责任制的重要意义在于：它是组织集体劳动，保证安全生产，确保安全管理的基本条件；是把企业安全工作任务，落实到每个工作岗位的基本途径；是正确处理人们安全生产中的相互关系，把员工的创造力和科学管理密切结合起来的基本手段；是把安全管理建立在广泛的群众基本之上，使安全生产真正成为全体员工自觉行动的基本要求。

1-41　为什么说现场是细胞壁？

继20世纪30年代海因里希提出了事故多米诺骨牌理论之后，60年代哈登提出了能量意外释放的事故致因理论，认为所有事故的发生都是由于能量的意外释放或能量流入了不该流通的渠道以及人员误闯入能量流通的渠道造成的。可以通过消除能量、减少能量或以安全能量代替不安全能量、设置屏蔽等方式阻止事故的发生。能量意外释放理论是事故致因理论的一个重要理论，而企业又是一个集热能、动能、势能、化学能等于一体的场所，避免事故发生的重要手段是对能量的控制，而控制能量的关键在班组，班组的重心在现场，现场是班组细胞的细胞壁，现场管理是班组细胞成长的屏障。

如同细胞壁在细胞中起着保护和支撑的作用一样，现场同样也在"班组细胞"中起着相似的作用。据统计，90%以上工伤事故发生在生产作业现场，70%以上事故是由于员工违章作业和思想麻痹所造成的。首先，现场是班组员工进行各种作业活动的区域范围，现场硬件条件和软件条件的好坏，直接关系到员工的生命安危。其次，现场是提高员工队伍建设、提高员工素质的基本场所。现代社会是学习型社会，终身学习和终身职业培训，已是现代企业建设的重要标志，这在企业同样适用，提倡建立学习型企业，便要鼓励员工在工作中学习，使工作场所成为员工学习提高的场所，现场在其中就起到了细胞壁一样的支撑作用。

1.4　安全文化的发展趋势

1-42　安全文化理论发展有哪些趋势？

近年来，安全文化理论的发展呈现出如下趋势：

（1）面向现代化，体现科学性。随着现代化建设步伐的不断加快，科学技术不断发展，新的设备、技术、工艺、材料不断涌现，新的管理方式和方法在不断出现，人们的思想观念也在发生不断的变化，这些变化对安全文化的理念、行为方式等都产生了一定的影响，因此安全文化的建设一定要从现代化建设的实际出发，适应现代化建设的步伐。在安全文化建设的各个方面力图与现代化建设的要求相结合，相匹配，相适应，与现代化建设同步发展。

（2）面向未来，体现时代性。未来社会是政治、经济、文化繁荣，物质文明、精神文明和政治文明达到高度和谐统一的社会。未来社会对于人们安全健康的保障程度要达到更高水平，人们可以在任何时候、任何场合都无需为安全和健康而担忧，这是安全文化建设的终极目标，也是人们的理想愿望。为此目标的实现，必须以现实的生产力为基础，结合经济发展水平、社会环境影响、科技进步现状和社会公众的安全文化需求以及结合世界科技进步、国际局势的变化和市场经济竞争等影响，以当时、当地的具体情况为出发点，结合适应时代特征和潮流，满足时代发展的要求，制定符合实际的阶段性安全文化建设目标，与时俱进，不断向安全文化建设的终极目标推进。各阶段的安全文化随着科技进步，经济建设发展，既要符合时代发展的要求，又要反映时代的精神和社会公众安全价值观的变化。

安全文化建设必须与时俱进，具有鲜明的时代特征；必须反映社会经济发展的客观规律；必须突出以人为本的价值取向；必须符合市场经济要求和我国现阶段的国情实际；必须与世界接轨并对提升我国安全生产总体水平具有普遍的指导意义。这五个必须应该成为安全文化建设的基本点。在当今中国作为有中国特色的社会主义文化的重要组成部分，只有将"三个代表"重要思想贯穿于安全文化建设之中，把握先进文化的发展方向，才能坚持安全文化建设的时代性。

（3）面向社会，体现群众性。安全问题分布于社会生产和社会生活的各个领域，自有人类以来，可以说安全问题就时刻伴随着人类生存与发展的每一个阶段，只要有生产，就有安全问题，只要有生活，就有安全问题，一切有人类活动的地方，都有安全问题。因此，安全问题不是哪一个行业、哪一个区域的问题，而是一个全社会的问题，只不过不同的行业、不同的区域所表现出的特性和程度有所不同罢了。所以，安全文化建设一定要面向全社会，只有从全社会的宏观视野中定位安全文化建设，才能使安全收到应有的成效。

安全文化实践应当尊重人们的生活规律，致力于建立当今人类所希望、所追求的生活秩序，使人们以理性的态度、健康的情感和坚定的意志，安全地进行各项社会实践；并把科学的安全意识辐射到人类活动的各个领域，从根本上改变存在于大众衣食住行和学习劳作之中的安全文化现状，增大其科学含量，努力提高全社会和全民族的安全健康水平。

（4）面向世界体现实践性。随着社会主义市场经济的全面建立，经济全球化的趋势更加广泛，国家对外开放程度的进一步加大，人们与国际间的各种合作、交流更加广泛和频繁，因此各种不同的物态文化和观念文化都会产生相互影响，使人们的生产方式、生活方式和思想观念发生重大的变化。体现在安全文化上，就是人们对安全的价值理念的变化、安全管理方式的变化和安全物态文化的新认识等都对我们已有的安全文化观念产生着重大影响。要使我国的经济发展与世界接轨，融入经济全球化的洪流之中，安全文化建设也要与世界接轨，传承民族安全文化的文明，吸收和接受国外一切优秀的安全文化建设成果，借鉴世界安全文化建设经验，从我国国情出发，从世界一体化的角度审视安全文化建设，积极探索和发展具有鲜明时代特征和中国特色的安全文化，才能使安全文化建设具有更加坚实的基础。

1-43 安全文化建设为什么要有社会群众的参加？

既然安全文化建设要面向全社会，靠社会的力量建设安全文化，那么就必须要有社会群众的参加，因为"群众是历史的创造者"，人民群众是安全文化建设的主体。安全文化建设必须坚持"从群众中来，到群众中去"的群众路线，集中大家的智慧是我们开展安全生产理论创新最科学、最有效的方法。在长期的生产、生活和改造客观世界的实践中，群众不仅创造了灿烂的物质文明，而且也创造了生动活泼、丰富多彩的安全文化。从安全生产的历史看安全理论的发展，20 世纪 50 年代的"安全第一、预防为主"，70 年代的"安全为了生产、生产必须安全"，90 年代的"以人为本、安全为天"，到 21 世纪初的"安全责任重于泰山"，以及我们现在提出的"关爱生命，关注健康"等，都是在总结群众实践经验和集中群众智慧的基础上不断发展起来的。离开了组成社会的基础——群众，就谈不上社会，安全文化建设就无从谈起。所以安全文化建设需要广泛的、群众的自觉参与，需要广大群众的热情支持，从群众中发掘安全文化建设的智慧。每个人的创新思维都是安全文化建设的基础，只有充分调动广大群众参与安全文化建设的主动性和创造性，发挥每一个人的聪明才智，才是安全文化建设的群众基础和重要保证，才能推动安全文化建设向前发展。

1-44　安全文化建设为什么要与安全实践紧密结合起来？

安全文化建设要与安全实践紧密结合起来。安全文化是基于对安全生产和生活实践的再认识。我们之所以要大力开展安全文化建设，是因为随着社会发展，人类社会安全领域出现了很多新情况、新问题，不断发展变化的安全形势对我们提出了新要求。安全文化源于人类的安全生产、安全生活、安全生存的实践活动。搞好安全文化建设，很关键的一条是深入实际，调研分析、汲取营养，不断总结和提炼蕴藏在群众安全生产实践中最本质、最具有代表性的好思路、好做法、好经验，安全活动的经验和理论经过传播、吸收、融合、提炼、升华为新的安全理论，又反作用于安全实践活动，指导实践，升华和发展为更高层次的安全文化内容。安全理论如果没有实践基础，它必定是无源之水，没有生命力。离开了人们的社会生产和生活实践，就失去了安全文化建设的基础，也失去了安全文化建设的对象，从而安全文化建设就失去了应有的意义。因此，实践出真知，只有加入人类安全文化的实践活动，才能使安全文化不断得到优化和发展，否则，安全文化就将成为无根之木、无源之水。

安全文化建设目的在于指导实践，安全文化建设要为新形势下安全状况的稳定好转提供理论支持和内部保障，为开创安全新局面提供强大的推动力量。安全文化建设与安全实践紧密结合，使先进的理论转化成安全生产不竭的动力和先进的生产力，在全面建设小康社会的过程中发挥积极的作用。

1-45　安全宣教活动与安全文化有什么关系？

过去人们常常把安全文化等同于安全宣教活动，这是需要纠正的一种片面观点。安全教育和安全宣传是推进安全文化进步的手段或载体（还包括安全法制、安全管理、安全科技条件、现场安全文化工程、现场物态环境等手段），是建设安全文化的重要形式和方法，当然也是建设安全文化的重要方面。但是，安全宣传和安全教育并不能体现安全文化的核心内容。安全文化是一个社会在长期生产和生存活动中，凝结起来的一种文化氛围，是人们的安全观念、安全意识、安全态度，是人们对生命安全与健康价值的理解，同时也是人们所认同的安全原则和接受的安全生产或安全生活的行为方式。明确安全文化的这些主要内涵，需要大家取得共识。在建设安全文化过程中，主要是向着这些方面进行深化和拓展。

1-46 安全文化建设是为了实现什么目标?

对于一个企业,主张安全文化的建设要"将企业安全理念和安全价值观表现在决策者和管理者的态度及行动中,落实在企业的管理制度中,可将安全文化的建设深入到企业的安全管理实践中,将安全法规、制度,落实在决策者、管理者和员工的行为方式中,将安全标准落实在生产的工艺、技术和过程中,由此构成一个良好的安全生产气氛。通过安全文化的建设,影响企业各级管理人员和员工的安全生产自觉性,用文化的力量形成企业科学发展、和谐发展的驱动力和引领力。"

安全文化建设目标的高境界是将社会和企业建设成"学习型组织"。一个具有活力的企业或组织必然是一个"学习团体"。学习是个人和组织生命的源泉,这是对现代社会组织或企业的共同要求。要提升一个企业的安全生产保障水平,需常提出这样的要求,即要求企业建立安全生产的"自律机制"、"自我约束机制"。要达到这一要求,成为"学习型组织"是重要的前提。由此,可以得到启示:一个能够应对入世要求的现代企业,其安全文化建设的重要方向之一,就是要使企业成为对国际职业安全健康规则、国家安全生产法规、制度和相关要求的"学习型组织",成为安全工程技术不断进步和安全管理水平不断提高的"学习型组织"。企业针对安全生产问题,首先是面对国家各种安全生产法规、标准和制度的不断发展要求,入世后又面对国际职业安全健康规则,以及企业自身工艺技术、生产方式和管理制度的变革,员工素质的变化,这些都需要企业不断地"学习"才能适应。一个要不断提高安全生产保障水平的组织或企业,需要克服"学习智障",组织领导、各级管理者和员工不断地学习,变企业团队学习为个人自觉学习,使企业成为学习型组织。

将企业建设成学习型组织的最根本体现,就是全员安全素质的提高。因此,也可以说企业安全文化建设的目的是提高人的安全素质。

具体来说,企业安全文化建设的目标主要包括以下几个方面:

(1)安全核心价值在企业生产经营理念中得到确立。

(2)时代先进、优秀安全观念文化获得全员普遍、高度地认同。

(3)现代科学、合理安全行为文化得到全体广泛、自觉地践行。

(4)安全生产目标纳入企业生产经营的目标体系之中。

(5)生命安全与健康的终极意义是获得员工接纳和共识。

(6)安全健康成为企业每一位成员的精神动力。

(7)安全文化对决策层和管理层发挥着智力支持作用。

2 企业安全文化基本理论

2.1 安全文化与企业安全文化

2-1 什么是安全?

安全是人们最常用的词语之一,从字面上看,"安"有不受威胁、没有危险、太平、安全、安适、安逸、安稳、安康、安乐、安详、安心、稳定、妥善、舒缓等涵义,可谓无危为安。"全"字有完满、完好、完备、完整、整个、保全或指没有伤害、无残缺、无损害、无损失等,可谓无损则全。安全在汉语中指人的身体不受伤害、心理有保障感、太平、圆满等存在与变化的状态。

狭义上看,人的生存和发展与安全生产活动与其保障条件紧密相连,人们往往把安全说成是生产中的安全,确切地说,是指在劳动保护国策的范围之内,保护劳动者在生产过程中的安全和健康,换言之,是指劳动者在上班或生产期间或在每周 40 小时工作时间内的安全,即在国家法律法规所限定的劳动安全与卫生环境中从事生产、工作或其他活动的安全。西方国家通用的"职业安全卫生"这一术语,表达的就是这个意思。

广义上看,近年来,随着国内外专家学者对安全科学(技术)学科的创立并对其研究领域的扩展,使安全科学(技术)所研究的内容不再局限于人或人群生产(劳动)过程中的狭义安全内容,而是扩展到包括生产、生活、生存、科学实践以及人可能活动的一切领域和场所中的所有安全问题。安全的内涵扩展到以下几个方面:

(1)指人的身心安全,不仅仅是人的躯体不伤、不病、不死,而且还指保障人的心理安全与健康。

(2)安全涉及的范围超出了生产过程,扩展到人进行活动的一切领域。

(3)人们随社会文明、科技进步、经济发展、生活富裕的程度不同,对安全需求的水平和质量就有所不同。

2-2 什么是文化?

中国最早对"文化"的记载是在《卦》中,"观乎天文,以察时变;观乎人文,以化天下"。此处的"人文",是从"文"的纹理意义演化而来的,借指社会生活中人与人之间的各种关系,如同纹理一般错综复杂。最早把文化作为基本概念引入社会学的是 19 世纪英国文化人类学家爱德华·泰勒,他认为"文化是一种复杂体,它包括知识、信仰、艺术、道德、法律、风俗以及其他从社会上学得的能力与习惯。"广义的文化指人类活动的全部成果,包括精神文化和物质文化;狭义的文化指人的创造性活动(科学研究、技术创造等)及其成果。

文化是在人类生存和发展中创造、继承和繁荣的，不同的时代、不同的地区、不同的社会背景、不同的环境就可能产生与之相适应的文化，要对文化下一个科学而准确的定义十分困难，国内外不少学者总是不停地用各种方式对文化进行表述，不断地丰富着文化的内涵。关于文化的定义众多，经典的是 1871 年爱德华·泰勒在《原始文化》一书中所定义的"文化与文明，就其广泛的民族学意义来讲，是一个复合的整体，包括知识、信仰、艺术、道德、风俗以及作为一个社会成员的人所习得的其他一切能力和习惯"。

按照我国《辞海》的定义，广义的文化指人类社会历史实践中所创造的一切物质财富和精神财富的总和。狭义的文化则更偏重于精神层面，指人类的精神文明或精神成果的总和，包括艺术、传统、习惯、社会风俗、道德伦理、法律、观念和社会关系等。文化是一种生产力，又是引领先进的生产力迅猛发展重要的生产方式，文化还是企业核心竞争力的支撑因素。

2-3   文化有哪些基本属性？

基于对文化定义的分析，可以总结出关于文化的如下基本属性：

（1）整体性。应当将文化看作一个复杂的整体来理解其内涵。

（2）社会遗传与传统属性。人类不但具有生物遗传特性，而且还具有社会遗传特性，文化不但体现了这种社会遗传的过程，也表现为这种社会遗传的人工结果或产品。

（3）价值观。文化的核心本质就是价值观，并且通过价值观对人的行为产生动态作用。

（4）调整和解决问题的方法手段。文化既是人类为适应外界环境和其他人群而使用的一整套调整方法，又是解决这一过程中遇到的问题的方法手段。

（5）学习属性。文化中学习这一非遗传性因素占有极为重要的地位，文化是社会成员通过学习获得的。

（6）抽象结构属性。文化是由可以分隔的但相互又有结构性联系的各个抽象要素的组合。

（7）观念与符号属性。文化是高于意识行为的现象，而观念是从风俗、形式等松散的概念中提炼的最核心的概念；文化包括的所有思维和行为模式都是通过被价值观赋予内涵的符号进行传递的。

2-4   什么是安全文化？

在安全生产领域，一般从广义角度来理解文化的涵义，"文化是人类活动所创造的精神、物质的总和"。由于对文化的理解不同，所以产生对安全文化不同的定义。目前对安全文化的定义有多种，这在安全文化理论的发展过程中是正常现象。

我国安全文化界将安全文化归纳为"安全文化是人类在社会发展过程中，为维护安全而创造的各种物态产品及形成的意识形态领域的总和；是人类在生产活动中所创造的安全生产、安全生活的精神、观念、行为与物态的总和；是安全价值观和安全行为标准的总和；是保护人的身心健康、尊重人的生命、实现人的价值的文化"，这个定义对安全文化的描述更为具体。

"狭义说"的定义强调文化或安全内涵的某一层面，例如人的素质、信仰、企业文化范畴等。1988 年国际核安全咨询组（INSAG）提出了安全文化（Safety Culture）这一术语，在 1991 年，INSAG – 4 报告即《安全文化》出版，给出了安全文化的定义："安全文化是存在于单位和个人中的种种素质和态度的总和，它建立在一种超出一切之上的观念，即核电厂的安全问题由于它的重要性必须得到应有的重视。"这个安全文化的内容表明：安全是有关人的态度问题又是组织问题，是单位（集体）的问题又是个人的问题，安全文化与每个人的文化修养、思维习惯和工作态度，以及组织的工作作风紧密联系在一起；建立一种超出一切之上的观念，即安全第一的观念；特别是核电厂的安全运转的需要，必须保证安全第一。

西南交通大学曹琦教授在研究我国安全管理模式的过程中发现，我国的安全法规难以认真执行，安全制度难以全面落实，安全方针难以深入贯彻的根本原因在于企业各层次人员的安全素质较低，在详细分析了企业各层次人员的本质安全素质结构的基础上，提出了安全文化的定义，即：安全文化是安全价值观和安全行为准则的总和。安全价值观指的是安全文化的里层结构，是社会或某个群体关于正确评价安全价值的基本意识和观念。安全行为准则指的是安全文化的表层结构，由各种有明确意义的符号及明确内容的行为模式构成，分为立约类和非立约类。立约类指用一定的形式（一般为书面形式）明确律定下来的内容，例如：规则、制度、规范、标准等；非立约类指那些未以具体的形式律定，而俗成在人们心里的内容，例如：习惯、礼仪与崇尚的形象等。同时，指出我国安全文化产生的背景具有现代工业社会生活的特点，现代工业生产的特点和企业现代管理的特点。上述两种定义都具有强调人文素质的特点。

"广义说"把"安全"和"文化"两个概念都作广义解，安全不仅包括生产安全，还扩展到生活、生存等领域，文化的概念不仅包含了观念文化、行为文化、管理文化等人文方面，还包括物态文化、环境文化等硬件方面。英国保健安全委员会核设施安全咨询委员会（HSCACSNI）认为，国际核安全咨询组织的安全文化定义是一个理想化的概念，在定义中没有强调能力和精通等必要成分，提出了修正的定义："一个单位的安全文化是个人和集体的价值观、态度、想法、能力和行为方式的综合产物，它决定于保健安全管理上的承诺、工作作风和相通程度。具有良好安全文化的单位有如下特征：相互信任基础上的信息交流，共享安全是重要的想法，对预防措施效能的信任。"

美国学者道格拉斯·韦格曼等人在 2002 年 5 月向美国联邦管理局提交的一份对安全文化研究的总结报告中，对安全文化的定义是："安全文化是由一个组织的各层次、各群体中的每一个人所长期保持的，对员工安全和公众安全的价值及优先性的认识。它涉及每个人对安全承担的责任，保持、加强和交流对安全关注的行动，主动从失误的教训中努力学习、调整和修正个人或组织的行为，并且从坚持这些有价值的行为模式中获得奖励等方面的程度。"韦格曼论述中提供了我们对安全文化表征的认识，即安全文化的通用性表征至少有五个方面：组织的承诺、管理的参与程度、员工授权、奖惩系统和报告系统等。

中国劳保科技学会副秘书长徐德蜀研究员对安全文化的定义是：在人类生存、繁衍和发展的过程中，在其从事生产、生活乃至实践的一切领域内，为保障人类身心安全（含健康），并使其能安全、舒适、高效地从事一切活动，预防、避免、控制和消除意外事故和灾害（自然的、人为的或天灾人祸的）；为建立起安全、可靠、和谐、协调的环境和匹配运行的安全体系；为使人类变得更加安全、康乐、长寿，使世界变得友爱、和平、繁荣创造的安全物质财富和安全精神财富的总和。

中国地质大学罗云教授在《安全文化的起源、发展及概念》中指出：安全文化是人类安全活动所创造的安全生产及安全生活的精神、观念、行为与物态的总和。这种定义建立在"大安全观"和"大文化观"的概念基础上。在安全观方面包括企业安全文化、全民安全文化、家庭安全文化等；在文化观方面既包括精神、观念等意识形态的内容，也包括行为、环境、物态等实践和物质的内容。

昆明理工大学姜福川教授在《企业员工安全文化素质的层次分析》一文中对企业安全文化的定义：企业安全文化是企业的愿景经过长时间的优秀管理及沉淀，根植于员工的精神层面中并通过员工的个人行为所表现出来的，能给生产带来效益，给企业带来信誉，给经济带来稳定，保障员工的生命、健康不受损害等物质和精神的总和，即个体与群体的安全价值观、态度、感知、能力、行为准则、组织安全管理的综合体现。

从上述安全文化的定义，可以得出以下几点认识：

（1）安全文化是社会文化的组成部分，属于文化的范畴，具有文化的属性和特点，是观念、行为、物态的总和，既包含主观内涵，也包括客观存在。

（2）安全文化以人为本，以文化为载体，通过文化的渗透提高人的安全价值观和规范人的行为，强调人的安全素质，是提高人的综合安全素质的系统工程。

（3）安全文化是以具体的形式、制度和实体表现出来的，并具有层次性。

（4）安全文化表现形式多种多样，存在于人类活动的一切领域，涉及众多学科，有硬件、有软件、有理论、有技术、有方法、有交叉、综合、有形与无形等特点，各自形成子系统，组成一个开放性的巨系统。

（5）企业安全文化是安全文化最重要的领域，发展和建设安全文化，就要建设好企业安全文化。

综合各类观点，本书认为安全文化是人类安全活动所创造的安全生产及安全生活的观念、制度、行为与物态的总和。其根本的目的是事故预防，即保护企业员工的安全和健康，降低企业的财产损失。

2－5　什么是安全文化的组织承诺？

安全文化的组织承诺就是由组织的高层管理者对安全所表明的态度。组织对安全的承诺与组织高层领导将安全视作组织的核心价值和指导原则的程度有关。因此，这种承诺也能反映出高层管理者始终积极地向安全目标推进的态度以及有效激发全体员工持续改善安全的能力。只有高层管理者做出安全承诺，才会提供足够的资源并支持安全活动的开展和实施。

2－6　什么是安全文化的管理参与程度？

管理参与程度是指高层和中层管理者亲自参与组织内部的关键性安全活动的程度。高层和中层管理者通过每时每刻参加安全的运作，与一般员工交流注重安全的理念，这将会在很大程度上促使员工自觉遵守安全操作规程。

2-7 什么是安全文化的员工授权？

安全文化的员工授权是指组织有一个"良好的"授权给予员工，使其对安全文化建设有一定的建议权和决策权，并且确信员工十分明确自己在改进安全方面所起的关键作用。授权就是以员工个人的观念或态度来代表高层管理者的职责和权力。在组织内部，失误可以发生在任何层次的管理者身上。然而，第一线员工常常是抗拒这些失误的最后防线，从而防止伤亡事故。授权的文化可以导致不断增加的改变现状的积极性，这种积极性是为了组织的安全，但可能超出了个人职责的要求，并且为了确保安全操作而负起责任。根据安全文化的含义，员工授权意味着员工在安全决策上有充分的发言权，可以发起并实施对安全的改进，为了自己和他人的安全对自己的行为负责，并且为自己的组织的安全绩效感到骄傲。

2-8 什么是安全文化的奖惩系统？

奖惩系统就是指组织需要建立一个公正的评价和奖惩系统，以促进安全行为，抑制或改正不安全行为。一个组织的安全文化的重要组成部分，是其内部所建立的一种规矩，在这个规矩之下，安全和不安全行为均被评价，并且按照评价结果给予公平一致的奖励或惩罚。因此，一个组织用于强化安全行为、抑制或改正不安全行为的奖惩系统，可以反映出该组织安全文化的情况。但是，一个组织的安全文化不能仅仅用奖惩系统是否存在来表征，还要用该系统是否被正式文件化、奖惩政策是否稳定、是否传达到全体员工和被全体员工所理解等来表明。

2-9 什么是安全文化的报告系统？

报告系统是指组织内部所建立的，能够有效地对安全管理上存在的薄弱环节在事故发生之前就被识别并由员工向管理者报告的系统。西方人认为，一个真正的安全文化要建立在"报告文化"的基础之上，有效的报告系统是安全文化的中流砥柱。一个组织在工伤事故发生之前，就能积极有效地通过意外事件和险肇事故取得经验并改正自己的运作，这对于提高安全来说，是至关重要的。一个良好的"报告文化"的重要性还体现在：对安全问题可以自愿地、不受约束地向上级报告，可导致员工在日常的工作中对安全问题的关注。需注意的是，员工不能因为使用报告系统反映问题而遭受报复或有其他负面作用；另外要有一个反馈系统告诉员工他们的建议或关注已经被处理，同时告诉员工应该如何去做以解决问题。总之，一个具有良好安全文化的组织应该建立一个正式的报告系统，并且该系统被员工积极地使用，同时向员工反馈必要的信息。

2-10 安全文化有哪些特点？

安全文化以保护人在从事各项活动中的身心安全与健康为目的，它以大安全观、大文化观为基础，是人们实现安全、健康、舒适、长寿、消灾免难的精神和物质的双重保障，是人类文化宝库中最重要、最基础、最宝贵的部分，它有如下几个特点：

（1）时代性。安全文化的时代特征很强。新形势下，质量安全文化、环保安全文化、节能安全文化、食品安全文化等新兴安全文化层出不穷，反映了人们对生命价值的认识不断深化，安全文化素质不断提高，防灾减难、自救互助的技能不断增强，这也是时代发展的必然趋势。

（2）人本性。安全文化是爱护生命、尊重人权、保护人们身心安全和健康的文化，是以人生、人权、人文、人性为核心的文化。"以人为本"就是安全文化的本质。

（3）实践性。安全文化是人类的安全生产、安全生活、安全生存的实践活动。安全实践活动的经验和理论经过传播、继承、提炼和优化应用于实践，指导实践，使安全活动更有成效，产生新的安全文化内容。

（4）系统性。安全文化建设工程是一个复杂的系统，解决人的身心安全与健康的本质和运动规律的问题，必须以文化的观点，用系统工程的思路，综合处理的方法，来进行安全文化建设。

（5）多样性。安全文化既有生产领域的也有非生产领域的，整个生存环境也都存在各具特色的安全文化。人们对安全问题认识的局限性和阶段性，存在安全价值观和安全行为规范的差异，精神安全需求和物质安全需求的不同，都必然会生产或形成各式各样的安全文化，并为不同知识水平的人所接受。这种差异就使安全文化的存在呈多样性。

（6）可塑性。文化是可以继承和传播的，不同文化还可以在融合中创新。文化可为不同社会、不同民族、不同国家接受，按时代的需求，按人们对安全的特殊需求，可以让不同的文化互相借鉴，优势互补，也可以进行融合再造，能动的、科学的、有意识、有目的地创造出一种理想的新文化。安全文化也是如此。

（7）预防性、超前性。进行安全教育，培养人的安全意识、安全思维、安全价值观的目的就是为了最大限度地预防事故的发生，超前做好一切思想、物质准备，把可能的损失降到最低。

2-11　什么是企业安全文化？

企业安全文化是指企业在长期安全生产和经营活动中逐步形成的，或有意识塑造的并且为全体员工接受、遵循的，具有企业特色的安全思想和意识、安全作风和态度、安全管理机制及行为规范。

2.2　企业文化与企业安全文化的关系

2-12　什么是企业文化？

20世纪80年代初，美国哈佛大学教育研究院的教授泰伦斯·迪尔和科莱斯国际咨询公司顾问艾伦·肯尼迪在长期的企业管理研究中积累了丰富的资料。他们在6个月的时间里，集中对80家企业进行了详尽的调查，写成了《企业文化——企业生存的习俗和礼仪》一书。该书在1981年7月出版，后被评为20世纪80年代最有影响的10本管理学专著之一，成为论述企业文化的经典之作。纵观近年来关于企业文化的论文和专著，仅关于企业文化的定义，就有几十种之多，如管理新阶段说、总和说、同心圆说、成果和财富说等。对于这些不同的说法，由于观察问题的角度不同，涵盖面的宽窄不同，所强调的重点不同等的理解差异，不能简单地用"对"和"错"来评判。1982年，美国哈佛大学学者泰伦斯·迪尔和艾伦·肯尼迪在《公司文化》一书中正式提出了企业文化的概念。目前对于企业文化的定义主要有以下几种观点：

（1）五因素说。

（2）两种文化总和说。

（3）群体意识说。

（4）精神现象说。

关于企业文化的概念，国内外学者存有不同的见解，相比较国内学者对企业文化的多视角界定，国外对企业文化的概念理解较狭窄和专一。从总体上把握，国外学者对企业文化内涵的理解可归结为三点：

（1）企业文化是一种重视人、以人为中心的企业管理方式，它强调要把企业建成一种人人都具有社会使命感和责任感的命运共同体。因此，那种忽视人、以物为中心的企业管理方式，不能归于企业文化范畴。

（2）企业文化的核心要素，是共有价值观，也就是一个企业的基本概念和信仰，或者说是指导员工和企业行为的哲学。

（3）企业文化内涵中，既不包括厂房、设备、产品之类的物质性要素，也不包括科技知识，更不包括行政性的、务必强制执行的规章制度。

总之，国外的企业文化较多的重视人的作用，而设备、科学技术、规章制度是作为企业文化的对立面出现的。较之于国内，企业文化的内涵宽泛得多。国内对企业文化内涵的理解比较全面，认为企业文化包括物质载体和精神内容。物质载体又分为活动过程和活动结果，前者包括生产经营管理、美化工作环境、参与社会事务、处理人际关系、制定规章制度、从事科研教育等；后者包括优质产品或服务、合理利润、科技成果、精美报刊、花园厂房等。精神内容也分两类：精神现象和精神实质。前者包括价值观念、精神状态、工作作风、风俗习惯、道德规范、行为准则、思维方式；后者包括为社会服务、理解和尊重人。因此，可以看出，国内外学者对企业文化理解的共同点是都认为精神内容是企业文化的主要组成部分。

基于以上对企业文化的论述，本书认为企业文化是指企业员工的思想观念，思维方式、行为方式以及企业规范、企业生产氛围的总和。既是一种客观存在，又是对客观条件的反应，作为企业实践的结果，又影响未来的实践。企业文化形成于企业的内部环境和外部环境，所以随着企业内部和外部环境的变化，其企业文化也会发展变化。其实不管哪种定义，重要的是要抓住企业文化的核心与精髓，要真正理解和认识企业文化的作用及意义。企业文化的核心是企业成员的思想观念及企业的观念文化，它决定着企业成员的思维方式和行为方式。企业文化对于一个企业的成长、生存和发展来说，看起来不是最直接的因素，但却是最持久的决定性因素。

2-13 什么是企业文化五因素说？

泰伦斯·迪尔和艾伦·肯尼迪认为，企业文化是由五个因素组成的系统。其中，价值观、英雄人物、习俗仪式和文化网络是它的四个必要因素，而企业环境则是形成文化的最大影响因素。

（1）企业环境是指企业的性质、企业的经营方向、外部环境、企业的社会形象、与外界的联系等方面。它往往决定企业的行为。

（2）价值观是指企业内成员对某个事件或某种行为好与坏、善与恶、正确与错误、是否值得仿效的一致认识。价值观是企业文化的核心，统一的价值观使企业内成员在判断自己行为时具有统一的标准，并以此来选择自己的行为。

（3）英雄人物是指企业文化的核心人物或企业文化的人格化，其作用在于作为一种活的样板，给企业中其他员工提供可供效仿的榜样，对企业文化的形成和强化起着极为重要的作用。

（4）习俗仪式是指企业内的各种表彰、奖励活动、聚会以及文娱活动等。它可以把企业中发生的某些事情戏剧化和形象化，来生动地宣传和体现该企业的价值观，使人们通过这些生动活泼的活动来领会企业文化的内涵，使企业文化"寓教于乐"之中。

（5）文化网络是指非正式的信息传递渠道，主要是传播文化信息。它是由某种非正式的组织和人群，以及某一特定场合所组成，它所传递出的信息往往能反映出员工的愿望和心态。

2-14 什么是企业文化两种文化总和说？

这种学说认为，企业文化是企业中物质文化与精神文化的总和，物质文化是显性文化，主要指企业中的设施、工具、机械、材料、技术、设计、产品、包装和商标等；精神文化是隐性文化，主要指企业的价值观、信念、作风、习俗、传统等。

2-15 什么是企业文化群体意识说？

这种观点认为，企业文化是指企业员工群体在长期的实践中所形成的群体意识及行为方式。所谓群体意识，是指员工所共有的认识、情绪情感、意志及性格风貌。

2-16 什么是企业文化精神现象说？

这种观点认为，企业文化是企业在运转和发展过程中形成的包含企业最高目标、共同价值观、作风和传统习惯、行为规范、思维方式等的内在有机整体，是以物质为载体的各种精神现象，是企业的"意识形态"。

2-17 企业文化的概念是如何起源的？

20世纪70年代末至80年代初，美国作为世界头号经济强国，在石油危机的冲击下，其企业的竞争能力被大大削弱，劳动生产率受到严重影响；而作为第二次世界大战战败国的日本，经济却奇迹般地腾飞发展，并在很多方面超过了美国，对美国经济利益形成了强大威胁。这引起了美国企业界和学术界的空前关注，许多学者和企业家迅速把研究的视角转向对日本企业的研究，探索日本经济迅速发展和企业成功的奥秘。

美国理论界通过研究发现，传统的管理理论已经无法解释日本经济发展和企业成功的原因，他们认为日本企业成功的主要原因在于他们重视人，强调以人为中心，面向员工，提出了共同价值准则和文化的概念。他们研究发现，日本是从企业经营哲学的视角来研究企业管理，把企业视为一种文化实体来实施管理，企业文化在日本企业成功中发挥了极其强大的作用。因此，美国管理学家确立了企业文化这一概念，并将其上升为一种新的组织管理理论，认为企业文化是一场新的管理革命。

2–18　企业文化有什么作用？

研究表明，企业的竞争优势不仅来自地位而且来自能力，其中的一种能力就是企业文化。企业战略的主要目标是与其全球的竞争优势相匹配，包括成本控制、技术创新、有形资源利用等许多战略变量已经被用于企业的环境之中，但是这些基础定位的战略通常不是获得竞争优势的唯一途径，而企业文化则被视为战略性竞争优势的重要组成部分。

2–19　企业文化可分为哪几个层次？

通常认为，企业文化是由企业的精神文化、企业的制度文化、企业的行为文化和企业的物质文化等四个层次构成的。

2–20　什么是企业的精神文化？

企业的精神文化是用以指导企业开展生产经营活动的各种行为规范、群体意识和价值观念，是以企业精神为核心的价值观体系。

2–21　什么是企业的制度文化？

企业的制度文化是由企业的法律形态、组织形态和管理形态构成的外显文化，它是企业文化的中坚和桥梁，把企业文化中的物质文化和精神文化有机地结合成一个整体。企业制度文化一般包括企业法规、企业的经营制度和企业的管理制度。

2–22　什么是企业的行为文化？

企业的行为文化是指企业员工在生产经营、学习娱乐中产生的活动文化。它包括企业经营、教育宣传、人际关系活动、文娱体育活动中产生的文化现象。它是企业经营作风、精神面貌、人际关系的动态体现，也是企业精神、企业价值观的折射。

2–23　什么是企业的物质文化？

企业文化作为社会文化的一个子系统，其呈现的特点是以物质为载体，物质文化是它的外部表现形式。优秀的企业文化是通过重视产品的开发、服务的质量、产品的信誉和企业生产环境、生活环境、文化设施等物质现象来体现的。

2–24　企业安全文化与企业文化有什么联系？

文化作为涵盖社会、涉及人类总体行为的综合性命题，已经渗入科学、管理、经济领域，用文化来塑造企业形象已是一种科学的管理行为和国际趋向。企业是社会的重要组成部分，是大社会中的小社会，是群体内的小群体。所以说，企业文化是整个人类文化的一个缩影，企业既是一个社会单位，也是一个文化单位；既是一个社会组织，又是一个文化载体。企业文化除了同样包括人类文化所具有的民族性、阶级性和连续性外，很重要的一个特点就是企业是一个以盈利为目的的社会组织。企业的最大目标就是盈利，既然企业的最大目标是盈利，企业文化也就要为企业的最大目标服务。对于一个企业，既有企业文化，又有企业安全文化。虽然说生产和安全并不矛盾，但是在企业的最大利益面前，企业文化总会或多或少、有意无意地冲击或是削弱安全文化的氛围，这绝不是企业家的失误，因为企业总是要生存的。这就需要理顺企业文化和企业安全文化之间的关系，要以立法的形式规定下来，谁服从谁，才能保证企业的发展和企业安全文化的建设。

事实上，安全是我们每一个社会成员随时随地都非常迫切地需要和向往的。安全与否，是关系到社会稳定的大是大非的问题，邓小平同志一再指出：没有安定的政治环境，什么都干不成，已取得的成果也会失掉。江泽民同志也强调指出：没有政治稳定，社会动荡不安，什么改革开放，什么经济建设，统统搞不成。稳定包括政治、社会和经济的全面稳定。而安全生产工作又是实现全面稳定的一个重要因素，同样道理，企业安全文化建设毕竟高于企业文化的建设，况且，从企业安全文化和企业文化所涵盖的范围上来看，企业安全文化不仅仅包含企业文化，还有社区安全文化建设等。早在1996年底，主管全国安全工作的劳动部负责人就再次指出：安全文化是我国安全事业发展的基础。人类的生存与其安全并存，同是人类繁衍和发展的基本需要。企业安全文化是一个持续发展、不断丰富和优化的安全物质财富和安全精神财富的总和。企业安全文化也是安全文明生产的基础，企业安全文化建设的内涵有国家精神文明建设的内容。企业安全文化作为全民自护文化的主体必然是精神文明建设不可或缺的重要方面。从邓小平、江泽民同志的指示，到劳动部负责人把安全文化建设提到精神文明建设的高度，以及安全文化和企业文化所涵范围的不同可见，安全文化在某些方面改变和决定着企业文化。两者之间是一种相互促进、相互制约的关系，安全文化要求企业的发展遵守客观规律，企业文化的发展为安全文化向更高层次发展提供了环境和指引。综上所述，企业安全文化隶属于企业文化，但又不等同于企业文化，它有自身的研究领域和特点。

2-25 企业安全文化建设与企业文化建设有什么关系？

企业安全文化建设必须依赖于企业文化这个基础，没有企业文化的发展，企业安全文化也就没有了根基。因此，在搞好安全文化建设的同时，必须抓好企业文化建设。通过安全文化有形或无形的渠道，正式或非正式的传播方式，在企业员工中树立一种全新的"安全生产、以人为本"的企业文化理念，以此推进企业文化建设向深层次发展。企业安全文化建设的好坏与企业文化的建设有着密切关系。纵观一些企业安全文化建设时好时坏，究其原因主要是因为安全文化建设游离于企业文化建设之外，没有真正融于企业文化建设之中，没有融于企业发展规划，或者企业文化的建设只是浮于形式，这样企业文化建设就不可能得到企业员工的真正认同，往往造成停滞不前的局面。甚至有的企业在面临着生产、经营效益等诸多压力下，企业的安全管理机构设置、人员编制、经费安排等被精简、削弱，这时企业安全文化建设基本处于一种瘫痪状态。所以，我们倡导企业安全文化的一个重要前提就是要弄清企业安全文化与企业文化的关系。一方面，企业安全文化融于企业文化建设之中，要搞好安全文化建设，必须要认真搞好企业文化建设；另一方面，建设好了企业安全文化会进一步推动企业文化的蓬勃发展。

2-26 企业安全文化与企业文化有什么区别？

企业安全文化既与企业文化有共同之处，也有不同的特点，例如企业文化注重以人为本，主张通过提高员工思想文化修养和道德素质来培养员工热爱本企业的集体主义精神。而企业安全文化也注重以人为本，但更强调安全第一，提倡关心人、爱护人，注重通过多种宣传教育方式来提高员工的安全意识，做到尊重人的生命、保护人的生命安全和身心健康。企业安全文化与企业文化的差异性特点体现在：

（1）企业安全文化具有一定的超前性，注重预防预测、未雨绸缪，防患于未然。安全防灾理论的"风险论"承认风险的客观必然性；"控制论"强调事故的可控可防性；"系统论"研究综合对策，提倡"本质安全化"；"安全相对论"重视安全标准的时效性等，均以预防预测为重点。

（2）企业安全文化具有相当的经验性，重视事故调查，总结经验教训，企业安全文化的重要内容之一是对各种事故进行调查分析，总结教训。同时，研究事故发生发展的规律，以便采取相应的防范措施，杜绝类似事故重复发生。

（3）企业安全文化具有鲜明的目的性，既保护人身安全，也保护财产安全，从而对经济发展起保障作用。过去，企业安全生产工作的主要内容是劳动保护，只注重保护人员在劳动中的安全和健康，而对财产损失关注不足。随着社会主义市场经济体制的建立，行政管理手段更多地让位于经济手段和法律手段，安全工作领域拓宽到防灾防损的经济领域，开始注重对经济发展所起到的保障作用。

2.3 企业安全文化效应

2-27 企业安全文化对安全生产起什么作用？

企业安全文化的作用主要在于通过充分发挥企业安全文化机制的作用，创造企业安全文化形象和适宜的安全文化氛围，帮助企业员工建立起正确的安全价值观念和思维方法，形成科学的安全意识和切实的安全行为准则，正确地规范安全生产经营活动和安全生活方式，使企业安全文化向更高的层次发展。企业安全文化会对企业、员工及其家庭甚至全民产生深刻的影响，发挥其十分重要的作用。

（1）安全认识的导向作用。通过企业安全文化的建设，使企业员工逐渐明白了当代科学的安全意识、态度、信念、道德、伦理、目标、行为准则等在安全生存、生活、生产活动中的重要作用，从而为企业员工在日常生活和生产经营中提供科学的指导思想和精神力量，使企业员工都能成为生产和生活安全的创造者和保障人。正确的认识是正确行动的基础，认识与理念来源于文化和实践，安全文化的导向作用是安全行为的重要动力。没有正确的理念，就会迷失方向，安全文化理念对企业安全生产有着重要的引导作用。

（2）安全思维的启迪和开发作用。企业安全文化建设，实际上是不断地教育、培养、启迪、开发企业员工科学的思维方法，使他们正确掌握安全科学思维的机理及规律性。不断启迪和开发他们对安全（或不安全）的认知和判断力，最终产生相应的安全反响或行动。没有正确的思维方法，其意识和行为会出现问题，甚至是错误的。安全的思维方法决定了人的安全意识及安全行为，正确认识和科学处理安全生产或安全活动，离不开安全科学的思维方法。

（3）安全意识的更新作用。企业安全文化建设不仅给企业员工提供适应深化改革、发展市场经济、推动企业安全生产的新理论、新观点、新思路、新方法，而且也提出了关于企业安全生产经营活动的新举措、新观点、新途径、新手段。这就必然要求员工从思维方法、安全的意识和观念等方面产生相应的修正或更新，使他们不断完善和提高安全意识和自我保护能力。安全意识是一种潜在的安全自救器，表现在人们的一切活动中，成为安全习俗、安全信仰的基础，是安全行为的第一道防线。安全意识的更新，标志着人们对安全本质及其运动规律认识的深化以及自我保护意识的提高或增强。通过安全文化的潜移默化，对于影响人的安全意识、更新人的安全认识是极为有效的。

2－28　企业安全文化有哪些功能？

安全文化是人类在长期的生产和生活中创造出来的精神成果，它能使企业领导和员工的安全意识都在集体安全意识的环境氛围影响中，产生有约束力的安全控制机制，使企业成为有共同价值观、共同追求及凝聚力的集体。如果把安全比作企业发展的生命线，那么安全文化就是生命线中给养的血液，是实现安全的最基本的营养输送。企业安全文化功能主要有：

（1）凝聚功能；

（2）规范功能；

（3）导向功能；

（4）激励功能；

（5）辐射功能；

（6）调适功能。

2－29　什么是企业安全文化的凝聚功能？

企业安全文化对企业安全生产工作起凝聚、协调和控制功能。现代企业管理中的系统管理理论告诉我们，组织起来的集体具有比分散个体大得多的力量，但是集体力量的大小又取决于该组织的凝聚力，取决于该组织内部的协调状况及控制能力。组织的凝聚力、协调和控制能力可以通过制度、纪律等刚性连接件产生。但制度、纪律不可能面面俱到，而且难以适应复杂多变及个人作业的管理要求。而积极向上的共同价值观、信念、行为准则是一种内部黏结剂，是人们意识的一部分，在构筑企业安全文化过程中，文化的渗透性和联系性会以不同方式表现出来，就可以使员工自觉地行动，成为凝聚员工的中间要素，直接或间接地引导员工把企业的安全形象、安全目标、安全效益同员工的个人前途、家庭利益紧密地结合起来，使之对安全的理解、追求和把握上同企业要达到的最终目标尽可能地趋向一致。企业安全文化建设的目的是使全体员工树立积极向上的安全思想观念和行为准则，形成强烈的安全使命感和驱动力。企业安全文化的稳定性和连续性能够保障企业的安全事业持续稳定的发展，逐步由"要我安全"到"我要安全"，进而发展到"我会安全"的较高层次。由于显示共同的安全目标、意识和追求，故把全体员工紧紧地联系在一起，使每个人对企业产生信赖感、可靠感、依赖感和归宿感。达到自我控制和自我协调。

2－30　什么是企业安全文化的规范功能？

规范人的安全行为，使每一个人都能意识到安全的涵义、安全的责任和安全道德，使每一个人深刻认识到安全规章制度的必要性和重要性，从而自觉地遵章守纪，自觉规范自己和他人在生产过程的安全操作和生产劳动以及社会公众交往和行动中的安全行为。安全文化有亲和力，它通过点滴小事的积累和文化要素渗透，有效地弥补了管理制度的苍白与被动，使物质、技术、行为协调一致，使员工在不知不觉中产生一种自主约束倾向和潜在准则，当这种约束和准则普遍被大多数人所认同的时候，就标志着企业员工自觉规范自我、约束自我的局面初步形成。

2-31 什么是企业安全文化的导向功能？

导向功能是指安全文化的形成和逐步完善，使企业具有一种"文化定势"，能把全体员工的能力方向引导到企业所确定的安全目标上来。导向功能的发挥有两个渠道：一是直接引导员工的安全认知、心理和行为；二是通过企业安全价值的认同来引导员工。企业安全文化越强有力，这种导向功能就越明显，从而使企业员工潜移默化地接受企业的安全价值观，自觉遵守企业安全规范（不论制度是否明示）。通过企业安全文化建设，使广大员工明白正确、合理的安全意识、态度、信念、道德、理想、目标和行为准则等，给企业在生产经营和日常生活活动中提供正确的指导思想和精神力量，使安全成为企业和员工的行为取向。通过确定安全目标明确企业安全管理的努力方向，制定相应的企业安全管理规章制度，指引每一个人努力使自己的一言一行、一举一动符合企业的安全目标，使企业员工都能成为生产和生活的安全因素。企业决策者的决策行为是在一定的安全观念指导和文化气氛下进行的，它不仅取决于企业领导及领导层的观念和作风，而且还取决于整个企业的精神面貌和安全文化气氛。积极向上的企业安全文化可为企业安全生产决策提供正确的指导思想和健康的精神气氛。

2-32 什么是企业安全文化的激励功能？

激励功能是指运用激励机制和艺术，使员工产生一种情绪高昂、奋发进取的力量。企业安全文化的建设，有助于企业明确其安全目标，各个职能部门强化各自的安全职责，提高员工对安全的认知和责任感，激励企业从决策管理层到员工的安全积极性、主动性、创造性的发挥，从而提升企业整体安全状况。积极向上的思想观念和行为准则，可以形成强烈使命感和持久的驱动力。心理学研究表明，人们越能认识行为的意义，就越能产生行为的推动力。积极向上的企业精神就是一把员工自我激励的标尺，社会和企业有了正确的企业文化机制和强大的安全文化氛围，人的安全价值才能得到最大限度的尊重和保护。他们通过自己对照行为，找出差距，可以产生改进工作的驱动力，使人的安全行为将会从被动消极的状态变成一种自觉积极的行动。通过表彰安全先进，树立安全标兵等多种方法，激发全体人们的安全生产积极性、主动性。同时企业内共同的价值观、信念、行为准则又是一种强大的精神力量，培养"厂兴我荣"、"同舟共济"的集体观念，使生产进入安全高效的良性循环，它能使员工产生对企业安全目标的认同感、归属感、安全感，从而对人的安全行为起到了激励和推动作用。

2-33 什么是企业安全文化的辐射功能？

企业具有开放性系统的特性，企业安全文化能够通过系统同外界的交互过程向外辐射，将其所倡导的安全价值观、理念、态度及行为准则传递到四周，从而间接地提升整个社会的安全文化建设水平。良好的安全文化不仅会使企业的安全环境长期处于相对稳定状态，使企业生产进入安全高效的良性状态。经过安全文化建设，能使员工的思想素质、敬业精神、专业技能等方面得到不同程度的提高，同时也会带动与安全管理相适应的经营管理、科技创新、结构调整等中心工作的平衡发展，良好的安全文化不仅使企业的安全生产长期有效可控，使员工的知识和技能得到全面提升，同时对树立企业的品牌形象和增强企业的综合实力及核心竞争力等都大有裨益。企业安全文化对社会的辐射作用是通过向广大的供应商和用户提供安全可靠的产品，以及员工在安全生产中的行为来完成。企业安全文化在安全生产上，对供应商的企业安全生产理念具有推动作用，对用户的企业安全文化具有带动作用和传播作用。

2-34 什么是企业安全文化的调适功能？

具备一定规模的企业，其生产均属于社会化大生产。在生产经营的过程中，人的心理因素、人际关系、市场环境随着时间的推移以及先进技术的广泛采用而发生改变，管理机制为适应生产力的发展要求适时调整、变化，物质环境随着生产力的发展同样会发生改变，从而难以避免由于生产关系的滞后所出现的矛盾和冲突。这种矛盾和冲突制约着生产力的发展，对企业的生产经营产生不可忽视的负面影响。企业在安全文化建设中，可以通过形式多样的活动，沟通信息、思想，传递情感，统一认识，创造良好的心理环境，增强员工群体自我承受能力、适应能力和应变能力，消除心理冲突，化解人际关系的矛盾。同时，为员工群体创造整洁、优雅、舒适的环境，净化其心灵，让其在轻松愉快的工作环境中感受企业大家庭的温暖，激发其劳动热情，自觉创造和寻求融洽和谐的生产关系，使企业的生产经营充满生机、活力。安全文化在企业生产经营管理中协调了生产关系，适应了企业生产力的发展。在此意义上，安全文化具有较强的调适功能。

2.4 企业安全文化的内容

2-35 良好的企业安全文化应该反映在哪些方面？

良好的企业安全文化应该反映在高效全方位人性化的企业安全生产管理、和谐的企业人际关系、优美的工作环境、良好的学习氛围、以人为本的企业原则、全员参与的形式、形式多样的安全活动以及实现企业安全目标管理这几个方面。

2-36 如何实现高效全方位人性化的企业安全生产管理？

安全生产管理就是要解决安全工作中"人"的因素，一切为了人的人本观念是出发点。因而企业安全生产管理要围绕"人本"的核心理念展开，真正解决安全工作中"人"的因素。在安全生产系统中，人的因素是最突出的问题，人的素质（心理与生理、安全能力、文化素质）是占主导地位的，人的行为贯穿生产过程的每一个环节。始终把握"以人为本"的原则，高度重视人的生命安全，做到尊重人、关心人、爱护人，保障个人的利益，以实现人的价值使大家找到归属感最终形成安全管理"命运共同体"，推动企业安全生产管理的改善和提高。在安全生产管理的主旨目标上，着力于提升员工对自我生命价值的认同，使其自觉地按这一价值观所缔造的价值标准去做事，以激发其"我要安全"的自觉性、主动性。

（1）创建和谐的环境。构建高效全方位人性化的安全生产管理，最重要的是构建"信任、尊重"的环境。因为信任才能沟通，才能产生团结，调动安全工作积极性。尊重可以提升人格、产生主人翁意识，激发安全潜能。

（2）关心爱护员工。关爱可以净化心灵、稳定思想，理解可以相互宽容、构筑和谐。在企业安全生产活动中，要做到"以人为本"，要求企业从保护员工的健康、安全出发，不能为了追求经济效益，而忽视员工的安全需要。决策层、管理层人员要主动深入生产现场了解情况，随时掌握员工思想状况和情绪变化，关心员工的工作和生活，改善他们的劳动条件和工作环境，主动为其排忧解难。如长时间从事单调、枯燥、注意力高度集中的工作，员工生理上容易出现疲劳，或者由于各种原因影响情绪，容易造成精神不集中，随时可能出现不安全行为。这时就需要及时走访谈心、化解矛盾、理顺情绪、进行科学合理的引导，对员工进行身心调适，使员工感受到组织和领导的温暖，尽快放下思想包袱，全身心投入安全生产。如当发现有员工身体不适时，应安排其先休息，或者调整岗位；当员工情绪不稳定时，要给予正确的引导，帮助其调整状态；当员工缺乏自信心时，应积极鼓励，提高其能力。

（3）满足员工合理的要求。要调动员工的积极性，首要的是正确认识人，实行人性化的管理。企业满足员工合理的需要，是调动员工安全生产积极性的本源。企业在制定激励措施时，应该将员工个人利益与企业安全生产目标有机结合，使员工在努力工作的同时有所得，同时也为企业作出贡献。企业与员工利益的一致性体现了企业利益与社会总体利益的一致性。保证劳动者的权益是企业发展的必要条件，它的社会责任不再是一种道德的呼吁，而是一种与利益挂钩的市场机制。

（4）正确引导员工的需求。引导企业员工，满足需要的唯一方式是认真、努力工作，为企业作贡献。究竟通过什么样的途径去满足员工的需要，调动员工安全生产的积极性则取决于满足员工需要的方式与程度。企业要根据员工对企业安全生产贡献的大小确定奖励，向员工传递企业安全生产所期望的信息。使实现安全成为全体员工共同的价值观念，保证生产安全，防止事故发生成为员工共同追求的目标；实现企业生产价值与实现员工自身价值的高度统一成为全体员工共同的行为准则。

（5）科学运用安全规律。必须关爱员工的身心健康，提倡安全自律。员工的积极性、自觉性和自律性在于他的文化水平、业务能力、思维方法与行为习惯。要给员工做好表率作用，用自己的一言一行感染和影响员工的一言一行。自上而下，共同构造和谐安全的作业环境，同时要结合典型事故案例教育员工学会辨识安全风险并纠正不良行为习惯。对员工做出成绩的要予以表扬，对事故要具体分析、具体处理，责任在于员工的要使其认清责任、接受教训，避免类似事故再次发生。如果员工已经尽责，且非本身能力所能避免的事故，领导应勇于承担责任，避免对员工过分处理，造成上下不和谐，这样有利于调动员工自律安全的积极性。

（6）重视对员工的激励。人的行为受动机支配，动机是激励人们去行动以达到目的的内在原因，是行为的直接动力。动机决定于人的需要，通过建立适宜的目标而激发人的需要，将人不断地从低层次向高层次推进，控制人的行为，以达到管理的目的与要求。企业员工安全工作的积极性调动，要靠安全管理人员的挖掘和引导，从而激发他们的工作热情和创造能力。要实现有效的安全管理活动，企业可以在各级安全生产责任制的基础上，需要通过物质动力和精神动力，全面推行激励制度，让员工合格规范的安全行为，高超的安全技能，良好的安全业绩转化为经济效益和实现目标的阶梯，对安全工作搞得好的集体和个人进行奖励，使员工处于适度的兴奋和紧张之中，始终保持积极的心态和旺盛的斗志。通过恰当的激励既是对安全生产作出贡献员工的业绩认同，也是员工自身追求幸福目标的实现，同时在工作中员工相互间也产生信赖感与向心力，进而提升团队素质。通过激励使员工树立起"我为他人做榜样"的信念。每个员工都把自己看做他人的榜样，明白自己在工作中的每一步操作都是他人学习甚至是模仿的对象，使每个员工心中都多了一份责任感，更树立了想方设法确保安全的意识。树立"我是核心"的信念：我是家庭的核心，我是企业的核心。家庭没有我会不幸，企业没有我难以繁荣。这种对自己负责、对同事负责、对家庭负责、对领导负责、对企业负责，进而对社会负责的强烈的责任感与使命感潜移默化地充当了安全道德观形成的催化剂。

2－37　如何构建"信任"的工作环境？

信任也是一种力量，能够引起人与人之间感情上的共鸣。对于组织里的每一个员工，没有比得到信任更感到欣慰和鼓舞的了。信任所产生的激励作用是其他任何方式所不能替代的。如果给员工以充分的信任，会把员工的安全工作积极性充分调动起来。当把重要安全生产任务交给员工时，会因得到器重而产生知遇之恩，必然越发依赖企业，更加爱岗敬业，加倍努力工作，发挥出自己在安全工作中的聪明才智和创造性，把安全生产搞得出类拔萃。

在日常工作中，不仅要对做出安全成绩的员工给予充分信任，而且要对出现过安全工作失误的员工更要给予信任和鼓励。对于他们的工作失误，不是首先追究责任，而是分析造成失误的主、客观原因。如果是客观原因导致失误，那么就应当继续给予有过失误的员工信任；如果是主观原因导致失误，也要加以分析和区别，看是属于安全工作作风不深入，安全决策判断失误，还是安全思想品德问题所致。也就是说，要分清主次、弄清原因，然后再做出恰当处理。只要不是品质问题、失职渎职，就不应对员工失去信心，要允许员工犯错误，并给他们改正错误的机会。

2－38　如何构建"尊重"的工作环境？

（1）尊重知识。企业要有效地承认人力资本的价值。奉行员工是企业最宝贵的财富，是最重要的资源。企业鼓励员工自我激励，自我控制，从安全工作中寻求和享受乐趣；通过合理化建议、技术革新、小发明、小创造等方式为企业安全生产献计献策；对员工"小发明、小窍门、小绝招、小改革"等给予充分的认可与奖励，培养员工的创造意识、创造思维和创造能力，以充分发挥员工的主观能动性和积极性，使工逐渐形成对企业安全生产的"归属感"和认同感。

（2）尊重人格。在人的社会实践活动中，精神力量起着极大的作用。其中，人的感情因素深深地渗透到行为中，影响着行为目标、行为方式等多个方面。在企业内部，每一名员工都拥有自己的情感世界。安全管理者只有深入了解、沟通和激发员工的内心情感，尊重员工的人格，真正体现管理者和员工只有分工的不同，没有尊卑之分，平等对待管理者和员工；站在员工的角度思考解决问题的办法。善于与员工背靠背找不足、面对面谈感受、心连心搞安全；现场监督着重指导与纠错，不轻言考核；着重关爱与提醒，不轻言指责；着重总结与提高，不轻言归咎；把员工视为企业的宝贵人力资源，相信每一个员工都是岗位上的专家，才能提高员工的满意度，才可能使员工产生对企业的归属感，才能激发员工从内心深处为企业安全着想。

（3）尊重选择。每一个人都有自己的理想和兴趣，对自己的未来有各种不同的设计，人们除了选择工作环境条件和报酬以外，他们更看重工作的挑战性。如果一个人得到适当的工作安排，就会全身心地投入到全部工作当中去，乐于从工作中寻求满足感、成就感和胜利感。能够满足一个人主动需求的工作，可带来工作上很高的安全度。企业应当充分尊重员工的这种选择，并帮助员工做"职业生涯设计"，制定人生目标、职业目标，确定员工未来几十年自我发展的方向，对员工的工作安排尽可能与其选择相同或者相近，最好让员工任意选择职业。在此基础上，提倡"择你所爱，爱你所做"。企业应当为发挥员工的智慧提供广阔的平台和条件，使员工看到未来和希望，企业的每一次发展都给员工带来更大的发展空间，都激励着员工更加努力的奋斗，让员工在企业得到的不仅是经济报酬，而且是未来的希望，是人生更大的价值实现。

（4）尊重需要。企业主动关注每一位员工现阶段及以后的需求。从物质需要、精神需要和人生价值实现等不同层面想方设法给予，帮助员工通过自身努力实现其需要。

2-39 和谐的企业人际关系体现在哪些方面？

和谐的人际关系体现在以下三个方面：

（1）企业与员工的利益融为一体。员工的需要与企业的安全生产目标一致，每个员工都有归属感，都为能成为本企业的一员而自豪。员工主人翁意识强，关心企业的发展，员工的喜怒哀乐与企业的成败兴衰息息相关。企业是一个温暖的家，企业中的每位员工在人格和尊严方面都能获得公平的待遇，员工只要努力工作都有获得奖励的机会，员工只要工作能力强都有获得提升的机会。

（2）企业领导与员工只是岗位不同、职责各异，在人格上是平等的。领导敢为下属承担责任，不仅关心下属的工作，而且还关心下属的生活、学习、身体；领导不仅要关心与自己兴趣爱好相同的员工，而且还应关心那些有时意见与自己不同的员工；企业员工主动为领导分忧，创造性地完成领导交代的工作，在工作中遵章守纪，兢兢业业。

（3）员工之间能够坦诚相待，以礼相待。员工之间能够做到互相理解、互相谦让、互相关心、互相爱护、互相学习、互相帮助。

2-40 如何构建和谐的企业人际关系？

安全生产的三要素是人、设备和管理，而"人"是排在首位的，所以要搞好安全生产，首先要关注"人"的问题。人际关系是我们每一个社会人都必须要面对的，人际关系的好坏不仅影响个人的发展，而且会对一个企业的发展产生重大的影响。良好的人际关系氛围有助于安全生产，人在一个良好的氛围下，带着愉快的心情去工作就可以抑制烦躁、压抑不良情绪的产生。人与人和谐，人与设备和谐，人与环境和谐的工作氛围能使人们在工作过程中相互关心，展开有机的协作，本着一个共同的目的——安全生产，将会省去一些不必要的麻烦，也会提升工作的安全系数，各级安全生产责任制就会得到有效的落实，都将为企业的安全生产创造良好的基础。

企业作为经济组织的基本单位，创造良好的人际关系氛围成为其重要的内容。良好的人际关系氛围包括团结友爱的爱心，坦诚豁达的诚信，互帮互助的友情，刻苦好学的气氛。霍桑实验表明：员工的士气、生产的积极性主要决定于社会因素、心理因素，决定于员工与管理人员以及员工与员工之间是否有融洽的关系。物理环境、物质刺激只是次要意义。梅约的"人群关系理论"提出了"社会人"的概念，认为人是"经济人"的假设是不对的，工作条件、物质利益并不是决定生产率的第一位因素，社会、心理因素对人有更大的影响。为了提高生产率，关键在于提高员工的士气，建立和谐的人际关系。

不良情绪是一种隐患，不开心、不快乐的工作不仅影响到个人的生活质量，也可能给安全生产带来许多不安全的因素。它的存在极易造成对工作推迟、拖延、扯皮，责任心不强，工作质量不高，不扎实，"安全度"也就会低下，导致事故的发生。从班组到工区及全局，如果人际关系不理想，大家就很难形成一股合力，安全生产工作开展起来就会遇到种种障碍。各种安全规程的学习流于形式，出了安全事故，相关人员和单位互相推诿、逃避责任，而不是从根本上查找和分析事故原因，事故的真正责任者和应受教育者难以受到及时的处理和教育，整个安全生产局面会因人际关系的错综复杂而造成混乱。

2-41　优美的工作环境体现在哪些方面？

优美、舒适、和谐的工作环境是确保工作质量的必备条件，为此 ISO 9000 族标准 2000 年将工作环境作为一项重要的资源管理并提出要求。从表 2-1 我们可以看到：尽管 ISO 9001 对工作环境作出的规定非常简单，但是 ISO 9004 的有关规定却具体明确，其对工作环境的两大内容、八个方面及其目的作出了相应规定。

表 2-1　ISO 9000 族标准

ISO 9001：2000 质量管理体系要求	ISO 9004：2000 质量管理体系业绩改进指南
工作环境 　组织应确定并管理为达到产品符合要求所需的工作环境	工作环境 　管理者应当确保工作环境对人员的能动性、满意程度和业绩生产的积极影响，以提高组织的业绩。营造适宜的工作环境，如人的因素和物的因素的结合，应当考虑： 　（1）创造性的工作方法和更多的参与机会，以发挥组织内人员的潜能； 　（2）安全规则和指南，包括防护设备的使用； 　（3）人类工效； 　（4）工作场所的位置； 　（5）与社会的相互影响； 　（6）便于组织内人员开展工作； 　（7）热度、湿度、光线、空气流动； 　（8）卫生、清洁度、噪声、振动和污染

2-42　如何构建和谐的人际关系和民主宽松的工作环境？

这方面主要涉及的与人的因素有关的工作环境包括以下两个方面：

（1）一个组织的领导和管理者应依据行为科学等基础理论，加强思想政治工作，建设企业文化，推行企务公开，使组织内形成一个宽松的民主气氛和和谐的人际关系，从而使管理人员积极探索和采用创造性的工作方法，而一般员工也有更多的参与组织管理的机会，尽最大的可能充分开发各类员工的潜能，发挥主观能动性和创造性。

（2）每个组织应努力争创文明单位，在社会上树立良好形象，同时该组织所在的地区政府部门和社区管理机构也应实行开明政治，依法行政，执政为民，为组织营造一个良好的生产经营环境或工作环境。

2-43 如何构建优美、舒适的工作环境？

这方面主要涉及的是与物的因素有关的工作环境，其包括以下六项具体规定：

（1）认真执行有关的安全标准，包括使用必要的安全防护设备或者设施，如护栏、防护罩、警示标牌等。

（2）工作环境应符合人类工效学的要求，即通过对人和机器/设施、工具之间相互关系的研究，合理设计机器工具的大小尺寸、摆放位置及工作环境，以提高生产率、安全性、舒适性和有效性，具体包括：进行人/机系统总体设计，使设备设施与人体相适应；正确设计和处理环境与效益的关系；使机器上的显示器、操纵器、工艺、工作环境、建筑和照明更适合人的作业。

（3）工作场所的位置要适宜，如工作台的高度，座椅的大小、高度要适宜于人体动作的轻便，使之不容易疲乏劳累。

（4）工作环境要方便于组织内人员开展工作，如：工作人员的工作环境周围没有障碍物；人员操作时容易看到仪表的显示数据等。

（5）热度、湿度、光线、空气流动方面要满足要求，如应使温度适宜，湿度适中，使人感到舒适，且光线要充足，空气要保持新鲜，不能影响工作质量，更不能导致危险。

（6）卫生、清洁度、噪声、振动和污染方面要满足要求，如环境应整洁，噪声低，振动小，无污染，或者将污染降低到人体可接受的最低限度。

2-44 如何培养良好的企业学习氛围？

人的本质在于学习，人的能力差异主要表现在学习能力的差异上。学习是个人和企业生命的源泉，这是对现代社会企业的共同要求。企业无论建立自我激励机制还是自我约束机制，学习型企业是其重要的建设前提。这种学习发生在个人、企业或企业之间相互影响之中，是一种持续性的学习过程，这种学习是融于工作中或与工作同时进行的。学习型企业是一种互相影响和互相促进的企业，而且是完全开放式的学习系统，它不仅导致知识、信念、行动的变化，而且增强了企业的内在活力。一个具有活力的企业必然是一个学习团体。一个要不断提高安全生产保障水平的企业，需要克服"学习智障"，不断吸收新的知识和经验，成为不断了解和落实国际职业安全健康规则、国家安全生产法规、制度和相关要求的学习型企业，成为安全工程技术不断进步和安全管理水平不断提高的学习型企业，从而以学习型企业建设带动企业安全文化建设。通过学习，不断丰富企业安全文化的内涵，持续改善企业创新的行为，共享显性知识，激活隐性知识，不断增强系统自学习、自组织和自适应的能力；不断提高企业系统化管理的能力，全面实施覆盖规划设计、生产组织以及经营活动等以文化为中心的安全战略，不断增强系统对安全生产的动态管理和可控在控的能力，增强企业固本强基的安全素质。

2-45 "学习型企业"有哪些显著特点？

（1）形成终身学习理念，不断增强团体学习力。"学习型企业"所强调的是不断学习，终身学习，把学习看作是一个终身过程，永不能满足。随着知识更新的不断加快，改革开放的不断深入和经济全球化的凶猛发展，要适应新形势下的工作，知识总量要不断扩展，知识更新的步伐要不断加快。因此，树立员工终身学习理念是创建"学习型企业"的思想基础和先决条件。

（2）"学习型企业"还强调学习的基本单位是团体而不是个人。通过团体学习，不断提高企业的系统思维能力，使企业中每一个人的思考和行动相契合，进而实现企业的思考和行动的高度协调，增强互相协作，整体搭配的行动能力，形成"个体活力与团体合力"的有效结合。促进企业中各种资源的有机整合，不断增强企业的亲和力与聚合力，提高整体素质。

（3）形成为实现共同目标，不断追求超越的团队凝聚力。目标是前进的方向，创建学习型企业正是通过建立共同目标，凝聚人心、凝聚力量，去实现心灵深处的渴望。有了目标，才促使全体队伍努力学习，不断提高实现目标的内在积极性。如果没有目标，就没有精神力量，也就失去了奋发学习的动力；如果没有共同目标，则使企业形不成合力，更有甚者，会相互抵消，形成反向力。

（4）形成工作学习化、学习工作化的互动力。工作学习化，把每一项工作视为一个难得的学习机会，从工作中学习新技能、新方法并促进专业知识的增长。而学习工作化使企业充满活力，建立学习也是工作的观念，成员们将学习视为一项必需的工作，坚持不断地学习，如同认真工作一样投入精力，把学习贯穿于工作的全过程，并培养出终身学习的习惯。

1）树立起学习与工作统一的观念，改变把学习与工作割裂、对立的认识。形成"上班即上课，学习即娱乐，教育与学习是最好投资"的理念，形成全员学习、全程学习、全面学习的学习企业。

2）形成学中干、干中学的氛围。坚持理论联系实际，立足在工作中努力学规章制度、学现代管理、学理论知识，从实践中钻研新情况、探索新方法、解决新问题，不断超越自我，使学习与工作融合一起，互相作用。

3）充分体现"学"后必须有"新行为"。就是使人更会工作，更聪明地工作，不断提高实际工作的能力。

（5）形成不断开拓进取、与时俱进的创造力。企业创建学习型企业的最终目的就是使安全工作不断创新发展。要达到这一目的，就要不断培养和提高员工超越自我的能力。

1）培养全新、前瞻而开阔的思考方式，使思想认识和观念始终符合时代对安全的基本要求。

2）通过更新、扩展理性知识和实践能力，提高员工善于创新、能够创新的能力。

3）营造一个勇于创新的环境。采取多种形式和鼓励办法，引导大家把奉献聪明智慧，为企业安全发展献计献策作为一种快乐、一种精神享受，在学习中求进步，在创新中求发展。

（6）建立多元反馈和开放的学习系统。

2-46 如何创建"学习型企业"？

（1）改变思维定式，排除思想障碍。认识是行为的先导，解决思想认识上的偏差，改变陈旧的思维定式，根除那些不合适甚至截然相反的思想观念。只有认识深刻，才会有清晰的思路和永恒的动力，只有正确地认识，才能领悟"学习型企业"的真谛，才不会使创建活动偏离轨道。

（2）改善领导方式，突出设计师作用。未来的领导者就是领导学习。这就要求领导者改善领导方式，要深刻理解和掌握"学习型企业"的理论精髓，明确主要观点，做到超前学习、超前思考、超前探索，找准创建"学习型企业"理论与我们创建活动的结合点，开展"学习型企业"的创建活动。

（3）着眼企业形式的多元化。创建"学习型企业"的企业形式不是单一的，是多元化的。要以企业形式的多元化，实现创建活动成果的整合。也就是说企业创建"学习型企业"要由不同形式的若干单元"细胞"组成。既要充分依靠正式群体的规范性的一面，也要充分发挥非正式群体的兴趣型的作用。只有这样才能使创建"学习型企业"的工作活起来。

（4）注重活动方式的多样化。要立足于实事求是，因地、因人制宜，采取有针对性、多样性的创建活动方式，使创建活动抓出特色，收到实效，防止流于形式、走过场。如有的基础较好，就要采取具有激励性的活动方式，鼓励再创辉煌；有的文化层次较低，就要加强学历教育；有的创新意识不强，就要鼓励开拓进取。总之，创建活动的方式要多样化，具有针对性、实效性，这样才能保持创建"学习型企业"活动的生命力。

（5）体现创建活动的可行性。创建学习型企业，一是要从企业实际出发，根据员工队伍的素质基础，制订符合企业发展需要的学习内容、方法和学习计划，要本着循序渐进，从基础抓起的原则逐步推进，切不可好高骛远，欲速则不达。二是要根据企业的发展需要出发，要本着"学得来，用得上，急用先学"的原则来组织学习，切不可漫无边际，"眉毛胡子一把抓"，立足边学边用，提高学习的成就感。

（6）体现创建活动的针对性。学习型企业创建活动要针对企业存在的实际问题和企业发展目标而进行，围绕企业安全中心工作而展开，不可毫无目标、杂乱无章。

2-47 安全文化建设的中心任务是什么？

企业安全文化的核心是关爱人和保护人，最大限度地满足人的身心健康、生命安全需要是企业安全文化建设的根本目的。企业安全文化建设，不能把员工看成是经济人，而要视其为社会人，要视其为复杂人，每个人都有丰富而不同的感情、心理、文化需求。人的安全意识、安全态度、安全行为决定了企业安全文化的水平和发展方向。人既是安全文化建设的目的，同时人又是企业安全生产系统的主体，是各项管理的核心，是安全文化建设的对象和依靠力量。因此，如何认真地确立起每一个员工的安全意识，使之实现从"要我安全"到"我要安全"及"我会安全"的根本性改变，是企业安全文化建设的中心任务。

2 – 48 如何实现全员参与的企业安全生产形式？

企业安全文化的建设体现在全员参与，具体体现在：

（1）企业决策层的安全文化。企业决策者应是企业安全生产的第一责任者、第一管理者、第一设计者、第一身体力行者、第一宣传者。其安全文化素质是企业安全文化建设的决定因素。企业的风格反映企业文化的个性，而企业决策者在企业安全文化的形成中起着倡导和强化作用。企业的一切生产经营管理活动都是在企业决策者的决策指挥下进行的，并在安全管理中起着关键作用。因此，决策者的风格会给企业行为提供示范和榜样。决策层的安全文化主要表现在对"安全第一"观点的认识和理解，对安全与生产的关系的认识和理解，对员工生命与健康的情感和态度，以及在安全管理与决策方面的素养等方面。要提高企业决策层的安全文化素质，一方面要提高决策者基本的文化素质，更为重要的是要通过学习、认识安全生产的知识、体验和经历事故的教训来达到。

（2）企业管理层的安全文化。企业管理层的素质是企业安全文化建设的重要因素。企业管理层一般指企业中层和基层管理部门的领导及管理干部，他们既要服从决策层的管理，又要管理基层的生产和安全，在企业起承上启下的作用。由于企业安全管理是全面管理，企业的各个部门都有各自的安全生产责任。要使各职能部门对安全生产负起真正的责任，就有一个企业各部门的安全文化的建设问题。企业各级领导安全文化的建设，主要是通过法制建设和培训的手段来实现。

管理层的重点工作是按照党和国家的安全生产方针、政策、法律、法规、指令等，结合本单位的实际，合理设置安全管理机构，配备安全管理人员，制定安全管理的一系列规定、制度和措施，建立健全落实安全责任制的具体方法和措施，建立健全安全生产保障体系，并监管督导执行层履行职责，真正保证管理到位、制度和措施执行到位、安全生产方针贯彻落实到位。因此，管理层既是安全生产的直接责任人，又是安全生产的管理者、指挥者，要履行好职责。首要的是自己要具备相应的安全知识和素质，在机构、人员、资金、执法、地位上为安全生产提供保障，只有这样，才能看得清、认得准，决策正确，指挥得当，管理到位，落实有果，才会使所设置和制定的安全管理规定和制度、措施符合安全实际，才会有较强的可操作性、可控性，最终促进安全生产。

（3）安全专职人员的安全文化。安全专职人员是企业安全生产管理和技术实现的具体承担者，是企业安全生产的"正规军"，也是企业实现安全生产的决定性因素。因此，思想品德好、安全理念强、安全知识面宽、作风过硬是一个安全专职人员的基本素质。

安全专职人员是贯彻落实"安全第一、预防为主"安全生产方针的关键层及中心环节。如果安全专职人员对各种安全管理法规、指令、制度、规定、措施执行不到位或走样变味，就会出现"严格不起来、落实不下去"的现象，就会出现安全漏洞，容易造成事故的发生。所以，要加强对安全专职人员的安全意识教育，提高他们对安全生产重要性的认识，牢固树立起安全第一的思想，自觉摆正安全与生产的关系；要加强对安全专职人员进行现场安全管理知识、生产技术管理知识的培训，提高他们的现场安全管理水平和生产指挥能力，组织协调能力，使之能够科学正确地指挥、组织安全生产活动。

（4）企业操作层的安全文化。企业操作层的安全文化和技术素质是企业安全文化建设的基石。它决定着企业安全管理的效果，也决定着企业安全生产的命运。建设企业安全文化须强化企业操作层的安全人生观、安全价值观和安全科学技术的教育。操作层人员在企业中占比率最大，是企业安全文化建设的主力军。只有提高全体员工的安全文化素质，才能提高企业的整体素质和安全管理水平。企业任何安全活动和工作，其根本的目的是使生产员工在工作的班组和岗位上安全地生产。员工是安全生产的直接操作者和实现者，员工的安全文化是企业安全文化最基本和最重要的部分。科学的管理、及时有效的培训和教育、正确的引导和宣传，以及合理、及时的班组安全活动等，是员工安全文化建设的基本动力。

上面千条线，下面一根针。一切安全方面的规程、制度、措施都由操作层来贯彻落实，要实现安全生产，操作层是关键。从企业发生的事故的统计资料分析，酿成事故的主要原因绝大多数是操作层违章指挥、违章操作、违反劳动纪律造成的，真正因人力不可抗拒原因造成事故甚少。发生事故往往是由思想麻痹、安全意识差的员工引起，他们对存在的安全隐患反应迟钝，甚至麻木不仁，事故发生时不会采取措施，缺乏自救技能。因此，必须加大对这类人员的培训教育力度，提高安全素质，拓宽安全知识面，提高技术操作水平、安全防范能力和自主保安意识，使操作者严格按照"三大规程"和安全技术要求及措施去操作，真正做到安全生产。

（5）家属的安全文化。家庭生活是任何人每一天都离不开的内容。家属是保障安全生产的重要力量，在实际工作中发挥着不可代替的特殊作用。因此企业安全文化的建设一定要渗透到员工的家属层面，把工作做到家里，使整个家庭体会到关爱生命的人文关怀，使遵章守纪变为个人的自觉行动和全家的期望。努力提高员工家属的安全意识，延伸安全触角，筑牢安全生产的第二道防线。员工家属的安全文化建设主要是使家庭成员当好贤内助、好后勤，在一杯热茶，几句贴心话中不断营造"关爱生命，关注安全"的浓厚家庭氛围，形成浓厚的全家保安全的氛围，家属对待亲人的每一份关怀和爱心都可使亲人上班时心情愉快，从而为员工的安全生产创造一个良好的生活环境和心理环境。利用伦理亲情，寓教于情，动之以情，以情说理，以情感人，使其做到配合企业通过说服、教育、劝导阻止等手段提高员工本人的安全意识，通过亲情感化员工，去促使亲人自觉遵章守纪，达到教育员工做到安全生产的目的。

2-49 企业安全文化对决策层有哪些要求？

（1）公布安全政策。凡从事与企业安全有关活动的单位都要发表安全政策声明，把其所承担的责任广而告之，让人人明白。该声明就是全体工作人员的行动指南，并宣告该单位的工作目标和管理人员在企业方面的公开承诺，确保各项安全法律法规在企业内得到有效落实。

（2）建立管理体制。安全政策的实施首先要求在安全事务方面有明确的责任制，并将安全责任落到实处，树立起完善的安全管理制度。在对企业安全有重要影响的一些大单位内部要设立独立的安全活动专职机构，同时配备相应思想素质、专业技术素质高的人才承担专职安全工作。

（3）提供人力物力资源。确保安全所需要的充足的人力、物力、财力。

（4）自我完善。作为一项政策，与对企业安全有关的工作进行定期审查。最好能邀请专家予以评价和建议改进措施。企业内应有专门负责收集和研究有关部门经验、研究成果、技术开发、运行数据及对安全有重大意义的事件，以便从中获益。

2－50 企业安全文化对决策者的安全素质有哪些要求？

决策层的安全文化素质是指他们的素养和作风。素养是指人的修养，作风是反映人们安全文化的行为和态度。素养是基础，作风是外在形式，人们往往根据安全管理人员的工作作风来评价他们的素养。要建立良好的企业安全文化气氛，营造一个良好的企业安全环境，要求决策层必须具备高水平的安全文化素质，广博的文化知识结构，非凡的企业管理才能，健康的心理和身体素质，将安全教育与安全文化贯穿于生产经营和组织管理的全过程中。企业决策者的安全素质决定着企业安全生产的状况和水平。这种素质包括安全决策情感素养、安全决策知识素养、安全决策能力素养、安全决策组织管理素养等。其中，起首要作用的是安全决策情感素养，具体表现在决策者的安全管理能力、安全决策能力、安全指挥能力等。作为一个企业决策层的领导者，必须从以下方面增强自身的安全决策素养。

（1）安全决策情感素养。真正的优秀领导层，首先懂得重视人的生命价值，尊重人的生命，树立正确的安全生产观念和意识，认识到"安全生产责任重于泰山"的深刻含义，把自己从事的安全生产工作与人民的生命财产紧密地联系在一起，发自内心地关心员工疾苦，一切以企业员工的生命和健康为重。树立起强烈的安全事业心和高度的安全责任感，才可能有合理、准确的安全生产组织和管理行动，防止重生产、重经营、重效益而轻安全的思想发生，才能把"安全第一，预防为主"的方针作为企业生产经营活动的首要价值取向，最终实现安全生产的目标。

（2）安全决策知识素养。

1）掌握国家的安全生产方针、政策以及法律法规，以增强法律意识和法制观念，确保员工生命安全与健康的第一责任落到实处。

2）不断掌握安全工程技术，密切关注国内外安全管理的成功经验和新方法、新思路，以提高企业的安全管理水平。

3）系统地评价企业安全状况，掌握事故发生的规律，为正确决策提供依据。

（3）安全决策能力素养。这是决策层安全文化素养的重点，因为安全决策能力的强弱直接影响企业的安全管理水平，其决策能力素养主要包括对企业重大事故隐患的评估能力，对全局的综合安全管理能力，对事故的调查、分析、研究以及预测能力，分析、解决安全生产及系统安全工程等复杂问题的能力等。特别是要求决策者在紧急处置状态下有较强的决断能力，有效处置突发事件。

（4）安全决策组织管理素养。安全决策的难点不在于决策本身，而在于决策的推行和实施。因此，决策者必须具有出色的组织协调企业各部门、各级人员的能力，在不同意见、多种方案的情况下，决策者不仅应具有果断寻求一致意见的素质，还应具有倾听反面意见的素质，正确运用安全生产问题上的决定权、否决权、协调权，避免决策的盲目性和片面性。

（5）扎实的工作作风素养。要把安全工作当作首要工作抓紧抓实，提倡身体力行，反对大话空话，提倡雷厉风行，反对拖拉，只有这样才能搞好安全。

2-51 企业安全文化对管理层有哪些要求?

每个人的工作态度深受他们各自工作环境的影响。个人安全文化建设的关键是在实践中形成有益于安全的工作意识和养成重视安全的工作态度,管理人员的责任就是根据本单位的安全政策和目标开展安全实践活动。

(1) 明确责任分工。建立安全文化的途径在很大程度上与建立一个有效的管理组织机构的要求是相一致的。企业应对每一个人的职责清晰无误地予以书面规定,并保证没有重复、遗漏或含混不清的情况。管理者应使每一个人不仅了解自己的职责,而且了解他周围同事及他们部门的职责和接口关系。

(2) 安全工作的安排和管理。管理者应确保与安全有关的工作能严格按要求完成。建立起完整的法规、制度及程序体系,并通过合适的控制和检查来保证其执行的有效性。

(3) 人员资格审查和培训。管理者应确保下属能充分胜任自己所承担的工作。这需要严格的选拔任命和不断地培训来实现。管理者不仅要对每一位工作人员培训技术技能、培训他们严格遵守程序,而且要促使每个人了解工作的重要意义和失误造成的后果以及相应的责任。否则,可能会对隐患重视不足,视而不见,或由于缺乏风险意识而可能出现不安全行为。

(4) 奖励和惩罚。管理者应鼓励那些在安全方面有突出表现的人员。对于出现的差错,应更多地从中吸取经验教训,而不是一味地指责。管理者应鼓励每个人去发现自己工作中不足之处,并积极予以改进。然而,对于重复出现的问题或严重的失误,管理者要负责采取纪律措施,否则会危及安全。

(5) 监察、审查和对比。管理者除贯彻安全技术措施外,还要负责实施一整套的监督措施。

(6) 承诺。确保员工按已经确立的原则行事并从中获益,同时,管理者应以身作则,保证员工对追求安全的工作成绩有持续的积极性。

2-52 企业安全文化对管理层安全文化素质有哪些要求?

(1) 要有重视广大员工安全与健康的情感,以理解、关怀、体贴为基本点,以宽容、同情、善良、公正为出发点,落实好生命价值的重要性。

(2) 真正掌握安全生产方针政策,从严遵守法令法规,不断学习党和国家的安全生产方针、政策、法令、法规以及厂纪、厂规,并认真贯彻和落实。

(3) 刻苦钻研业务,提高安全管理技能。不断学习企业管理、安全管理、劳动保护、工业卫生等方面的知识。不断更新观念,应用现代化管理的新技术、新办法,使企业安全管理科学化、规范化,使现场作业条件和作业环境不断改善,要有安全生产忧患意识。

(4) 不断完善各项安全管理制度,并督促落实。尽职尽责,对日常安全工作认真负责,踏实深入,不要做表面工作。全身心地投入安全工作,不断进行安全管理创新。

(5) 适应企业的不断发展和生产工艺技术的不断革新改造,安全管理干部要不断地补充完善安全规章制度,使其更加切合实际,具有科学性、可操作性。

(6) 不断探索安全教育模式,提高教育质量及效果。企业的安全管理人员要从实际出发,从提高教育效果入手,不断探索喜闻乐见的安全教育新模式,彻底改变形式单一、枯燥无味、教育效果差的老办法，使安全教育工作落实到全员。

(7) 具有适应安全工作的能力。如组织协调、调查研究、逻辑判断和综合分析等。

2-53 安全专职人员应具备哪些安全文化知识?

(1) 既要懂得安全技术，也要懂得安全管理。

(2) 既要懂得安全科学理论，又要懂得安全生产实践。

(3) 既要善于检查，又要善于总结、提炼。

2-54 安全专职人员应具备哪些安全文化素质?

(1) 良好的政治素质和真抓实干的作风。主要表现在有强烈的安全意识，高度的事业心、责任感，良好的职业道德，不断进取、开拓、创新和实实在在做安全工作的实干精神。

(2) 较强的业务能力素质和雷厉风行的作风。主要表现在有足够的安全法规体系知识，有多学科安全技术知识，有适应安全工作需要的应付突发事变能力的素质，有解决安全问题说干就干、不拖泥带水的精神。

(3) 较高的安全管理素质和求真务实的工作作风。主要表现在能正确处理安全与生产的辩证关系，重视"以人为本"的安全管理理念，在安全生产问题上正确使用决策权、否决权、惩罚权。

2-55 企业操作层应具备哪些安全文化知识?

为了适应现代社会生活和现代企业生产的需要，提高现代安全文化水平就必须进行企业安全文化的建设，必须提高操作人员的各种安全技能。

(1) 提高分析和判断技能。认识来源于实践，实践是经验和技能的积累。安全文化素质和技术素质的差异必将导致基础知识积累的快慢和操作技能的高低，影响其判断的准确性，轻则影响正常生产，重则导致事故发生。因此，操作人员要在生产中不断提高安全文化素质和技术素质，增强对事物的判断技能和分析能力。

(2) 提高应变和反应技能。反应能力的快慢，取决于操作者对生产工艺过程掌握的熟练程度，操作者不但要熟练掌握安全生产的规律，更要在积累操作经验，提高生产操作技能的基础上，不断去总结探索新的安全生产变化规律。人们在日常劳动中的情感和情绪的下降，直接影响安全注意力，缺乏应变能力和反应技能，致使安全工作失控。因此，在操作中要做到保持精神旺盛，使安全思维敏捷。

(3) 提高预防预控的综合技能。预防预控的目的是把各类事故消灭在萌芽状态，利用班组或个人丰富的实践经验，做好预测预防工作。全体操作人员遵照"安全第一，预防为主"的方针，在安全和产量发生矛盾时要优先保证安全，以安全为前提条件，辨识生产活动中的危害，消除或控制危险，使预防预控的综合技能不断提高。

2-56 企业操作层应具备哪些安全文化素质?

企业安全文化必须建立在个人响应的基础上。建立安全文化是各层次每一个人的职责，在工作中具有良好的安全文化意识者应同时具备以下素养:

（1）探索的工作态度。要求个人在开始任何一项安全有关工作尤其是新工作前，能慎重地思考工作中安全相关的所有问题，以便对工作中的意外有充分的认识。能熟练掌握与自己工作有关的安全技术知识和安全操作规程，能通过刻苦训练提高操作水平，避免失误。

（2）严谨的工作方法。要求每个人都能严谨地按程序办事，能遵章守纪，常年坚持，谨慎地对待工作中的每一个环节，不麻痹大意、心存侥幸，从而防患于未然。

（3）互相交流的工作习惯。需要上下级和个人相互之间能正确而充分地交流并传递信息，以便正确地理解工作、掌握情况、寻求帮助和互相学习。

（4）主人翁精神。有较高的安全需求，珍惜生命，保护健康，能真正理解到安全是和个人利益直接相关的问题，并能以主人翁的态度积极响应所有安全有关事宜。

2-57 建立操作层安全文化有哪些途径？

建立操作层安全文化主要有以下途径：

（1）形成企业操作层安全文化场。根据操作层的文化水平和安全素质，只有通过安全文化的渗透，开展形式多样的安全文化活动，如安全演讲、安全知识竞赛、安全展览等，加以提高，形成企业安全文化建设的氛围和环境，建立起无时不在的、切实有效的企业安全文化场。用安全制度文化、安全观念文化、安全物质文化来不断规范操作层的行为，实现安全意识、认知的飞跃。

（2）加强操作层安全观念文化建设。建设企业安全文化的进程中，注重安全文化的功能、安全文化的手段和力量，开拓操作层的内心文化世界。用正确的安全价值引导，以安全的道德、伦理、行为标准，激励操作层形成科学的安全科学理念，用科学的思维文化方法去完善作业程序，提高操作技能，用崇高的安全思想境界充实内心世界。

（3）通过制度化建设来提高操作层的行为标准。安全制度是人创造出来的，但制度常常也能反过来塑造人，使员工不知不觉地适应于制度，从而约束规范员工的行为，对企业操作层安全文化建设来说，从制度入手是一条行之有效的途径。

2-58 企业安全文化对家属有哪些要求？

家属需要了解员工的工作性质、工作规律，相关的安全生产常识等。使家属主动做到：

（1）一观察，细心观察员工的思想情绪和一举一动，发现不良和不正常苗头，及时化解和消除。

（2）两保证，即保证员工得到充足的营养和休息，保证家庭和睦；两嘱咐，即嘱咐员工工作尽心尽力，嘱咐员工遵章守纪。

（3）三关心，即关心安全思想动态，关心衣食住行，关心业余生活。

（4）"四比赛"，比"谁对亲人照顾得好，谁的枕头风吹得好，谁承担的家务多，谁的帮教鼓励多"。

（5）"十个一"，即发一条安全短信，打一个祝福电话，写一封安全信，照一张全家福，开一次家庭安全会，致一条安全谚语，营造一个和谐氛围，提供一条安全经验，办一件实事，上下班时送一句嘱托等。

家庭和睦，邻里团结，员工才能没有任何思想包袱轻装上班。所以，家庭安全文化建设是增强员工安全意识、构筑安全思想防线的一个重要途径。

2-59　为什么要重视企业安全活动的开展？

企业生存要靠经营上的高效益和企业信誉的提高，但企业发展更为重要的是员工心灵的认可、感情的交融、共同价值观的建立。开展形式活泼、内容新颖、丰富多彩的安全文化活动，做到喜闻乐见、寓教于乐，并集知识性、艺术性、趣味性、娱乐性为一体，可以有力地促进企业安全文化的建设。安全文化活动不同于简单粗暴的说教，应该用委婉动听、微风细雨的方式，使广大职工在参与活动中受到教育和熏陶，在潜移默化中强化安全意识，进而普及安全生产法律法规知识，使安全法律法规知识家喻户晓、深入人心。增强大家的自觉性，增强员工凝聚力，培养员工的安全意识，推动安全工作深入发展。

2-60　如何开展形式多样的企业安全文化活动？

通过各种活动方式向员工灌输和渗透企业安全观，取得广大员工的认同。企业开展的各项安全文化活动都要与自身实际相结合，落脚点都要放在基层车间和班组，制订切实可行的实施方案，扎扎实实的开展，不走过场，才能使安全文化建设更加顺利发展。

（1）亲情性。在区队会议室里的墙上，挂满员工全家福彩照，让员工在工作前看一看自己的全家福，满心思都装着安全。在工房、休息室等挂上富有情感、寄托、理想的巨幅安全标语会使人产生心灵深处的震撼，从而使安危时刻进驻心田，使安全意识逐渐固化在行动中。

（2）工程性。技术及工艺的本质安全化，现场"三标"建设，三防管理（尘、毒、烟），四查工程（岗位、班组、车间、厂区），三点控制（事故多发点、危险点、危害点）等。改善作业环境的安全条件，提供优质的安全生产环境。

（3）关爱性。在职工的事故祭日，组织全体员工举行悼念活动；逢年过节，员工生日和喜庆日寄送安全贺年卡；在寒冬腊月、病丧苦难时开展"送温暖"活动，盛夏酷暑、喜庆吉利时开展"送清凉"活动。使员工感受企业的关怀，增强安全意识。

（4）宣传性。建设安全文化长廊，举办事故展览，悬挂醒目动人的巨幅安全广告画，大力开展安全教育活动，营造浓厚的安全文化氛围。

（5）娱乐性。通过开展安全文化趣味运动会，安全谜语竞赛，书画展、图片展、安全游戏、编写安全知识问答题并发放安全纪念品等，使员工在趣味娱乐中潜移默化地受到安全教育。

（6）教育性。利用电视、音像制品、报刊、板报、读本、互联网等进行安全宣传、报道，发挥新闻媒体的舆论导向作用，强化宣传效果。通过举办安全竞赛活动、安全知识竞赛、举办安全讲座、安全演讲比赛、群众性安全文化研讨、队组干部话安全、事故分析会、安全教育座谈会、事故报告会等，营造安全文化氛围，建立光荣台、违章人员曝光台等。

（7）文艺性。通过举办安全文艺（晚会、电影、电视）活动，把身边人、身边事编成文艺节目为员工演出，特别是让员工自编、自导、自演，更具有亲和力。让员工在娱乐中明是非、辨美丑、知荣辱，从而激发自觉强化安全意识的积极性。

（8）活动性。搞好安全生产基础年、百日安全无事故、创建平安企业、安全文化月（周、日），安全大检查、安全宣传月、安全教育月、安全管理（法制）月、安全竞赛月、安全科技月、安全演习月、安全检查月、安全报告月、安全评价（总结）月，青年员工的"六个一工程"（查一个事故隐患、提一条安全建议、编一条安全警示用语、讲一件事故教训、背诵一条安全规程、当一周安全监督员）等活动，是推动企业安全文化建设的最有效途径。

（9）激励性。大张旗鼓地宣传和表彰安全工作先进单位和个人，树立安全工作先进典型，总结经验，组织交流、推广，弘扬安全文化。

（10）提示性。精心策划和规范生产场所的安全标志（禁止标志、警告标志、指令标志）、安全标语和安全警示牌，张贴各类安全招贴画、宣传品，广泛开展搜集安全警句、安全格言、安全对联活动。创造安全生产的硬件环境，使职工进入厂内和工作场所，抬头举目都能见到安全标志，形成较强的安全生产氛围。

通过这些安全文化活动，可以增强职工接受安全教育的兴趣，寓教于乐，使职工愉快地接受安全教育。可以熏陶人的性情，进一步使安全生产意识深入人心，安全知识广为传播，潜移默化地规范人的安全行为，培养人的安全心态。营造"人人关心安全，个个重视安全"的社会氛围，建立起整体性的，全方位、全过程、全员的安全环境。

当开展某项安全活动取得了一定安全效果后，无论该项活动多么有效，如果把它作为最好的方法继续使用，就不会继续取得良好的效果。这是由于人们有适应外界刺激的倾向。尽管一项活动开始时对每个员工都有一定刺激作用，但长期继续下去，人们对刺激的敏感性会降低，反应迟钝，直至最后刺激不起作用。当出现这种情况时，就应根据形势的变化、针对职工思想、生产实际，注重在内容和形式上不断创新，采用更加有效的手段，有目的地、不断地改变刺激方式，不断变化形式，以实用的安全知识、文化艺术的品位吸引员工、感染员工，不断调动职工参与的积极性，唤起人们对安全的关心，从而达到细水长流、润物无声的作用。

2-61 如何实现企业安全目标管理？

目标管理是围绕确定目标和实施目标而展开一系列的管理活动。它是随着企业现代化和市场竞争需要而产生并发展起来的管理方法。

（1）安全目标制定。安全目标管理是企业目标管理不可缺少的组成部分，是围绕实施安全目标而展开的一种综合性和适用性较强的管理方法，其基本思想是根据企业在一定发展时期的总方针，制定安全管理总目标，再将总目标向下层层分解，并逐级细化和具体化，确定其下各层次的分目标；达到总目标指导分目标，分目标保证总目标，建立一个自上而下层层展开，自下而上层层保证的目标体系；最后以目标完成的实际状况作为安全目标管理绩效评价的依据。

企业性质不同，产品不同，企业条件和作业内容也不同；企业规模不同，体制不同，安全投入和安全水平也不同，因而安全目标制定的内容也就不同，没有统一模式，但制定安全目标的依据和原则却基本相同，主要的依据是：国家的安全生产方针、政策、标准、规范；本系统和本企业安全生产的中、长期规划；企业工伤事故的统计数据和安全工作现状，以及企业当前的管理、经济、技术条件等。

（2）安全目标实施。制定安全目标和保证措施只是安全目标管理的第一步，重要的是安全目的实施，在明确目标和落实措施以后，以推进安全目标实现过程中所进行的管理活动，安全目标主要是企业各层次安全目标责任者实行自我控制和自我管理，辅以上一层次的控制和调节。

2－62　目标管理有哪些特点？

目标管理除体现了企业管理的基本理论和原则外，还具有其自身的特点。

（1）体现面向未来的管理理念。目标是人们对未来的期望和追求的目的，因而要求管理者具有预见性，要对未来进行规划和决策，制定管理目标，其目标的实施也将在未来展开，通常以目标为导向，经过各层次组织的有效工作，上下协调一致，不懈地追求目标实施的成果，其整个管理过程都充分体现面向未来的管理理念。

（2）贯彻重视成果的管理方法。目标管理对完成其目标的方法和过程不作限制性规定，在整个管理过程所采取的各种检查、监督、评比、评价、总结等措施，都是为了获取各阶段目标及最终目标实施效果的信息，以便为实现最终目标不断寻求最有效的方法。

（3）倡导"以人为本"的管理思路。人本原理就是在企业管理中必须把人的因素放在首位，而目标管理的一切活动均是以人为本来展开的。人既是管理的主体，又是管理的客体，企业中的每个人都处在一定的管理层次上，通过一定的目标，把管理者和被管理者的工作结合起来，充分发挥各自的能动性和创造性，去追求各个管理层次的分目标，进而达到企业的总体目标。

2－63　在制定安全目标时应遵循哪些基本原则？

在制定安全目标时应遵循的基本原则归纳如下：

（1）先进性。目标要促进企业各层次人员的努力奋进，应有一定的挑战性；必须高于本企业前期安全工作已达到的各项指标，要略高于同行企业安全工作的平均水平，追求企业安全水平的最高水平，对本企业而言，安全目标必须有一定的先进性。

（2）可行性。目标制定必须结合企业的实际情况，既要体现一定的先进性，还必须经过综合分析、广泛论证，确实保证经努力可实现目标的可行性。

（3）灵活性。在安全目标实施过程中，企业内部和外部环境有可能发生变化，就要求主要目标的实施必须有多种措施作保证，使环境的变化不致影响主要目标的实现，体现所制定的目标有一定的可调性。

（4）全面与重点相结合。制定安全目标要体现企业的基本战略、基本条件以及外部环境的影响，既要有全局观念和整体观念但也需要突出重点，应体现企业在一定时期内安全工作达到的主要目的；特别要切中要害，突出安全工作的关键问题；应集中控制重大伤亡事故、后果严重的工伤事故、急性中毒事故以及影响面广的职业病的发生、发展。

（5）定性与定量相结合。为了有利于调动各层次人员实施目标的积极性，有利于对实施目标效果的检查、监督、评比、考核和综合评价，所制定的安全目标应明确、具体，并尽可能数量化。对难以量化的目标可采用定性与定量相结合的方法，应避免用模棱两可的语言描述安全指标。

（6）目标与措施相结合。安全目标的实施必须有具体措施保证，完整的安全目标体系应包括目标和措施两部分。只制定目标而没有相应的实现目标的具体措施,安全目标管理往往会失去其应有的作用。

2-64 如何做好目标管理活动中的控制?

控制是管理的一项基本职能,是以实现既定目标为目的,具体是指为保证实际工作与规划工作相一致而采取的管理活动。一般是通过检查、监督、考核、评比等环节,发现目标偏差,采取纠偏措施;发现薄弱环节,进行自我调节,从而保证目标顺利实施。在安全目标管理中,常采用的控制方法有以下三种。

(1) 自我控制是安全目标实施中主要控制方式,该控制方式有利于企业中人人关心安全工作,人人参与安全管理工作。安全责任者通过自我检查、自行纠偏,达到安全目标的有效实施。

(2) 逐级控制是按目标分解来确定的目标管理授权关系,由下达安全目标的领导层逐级控制被授权层,一级控制一级,形成逐级检查、逐级调节的控制链。

(3) 关键控制是指对实现安全总目标有重大影响和决定意义因素的控制。控制的对象可以是重点目标、重点措施或是重点部门、重点作业点等。不同企业,关键控制对象一般不相同,应作具体分析。

2-65 如何做好目标管理活动中的协调?

安全目标的实现需要企业各层次人员的共同努力,配合协作。目标实施过程中的重要工作是协调,有效的协调可消除各阶段、各层次之间的矛盾和困难,且保证目标顺利实施。从实践来看,有效的协调方式大致如下:

(1) 纵向协调是上下之间的一种指导性协调,其特点是不干预安全责任者的工作,按上级意图进行协调。采取的协调方式主要是指导、建议、激励、劝说、引导等。

(2) 横向协调是部门之间或人员之间的一种协作性协调,其特点是相互间自顾寻求合作方式和配合措施,以更好实现各层目标或总目的进行协调,采取的主要方式是相互沟通、优势互补、避免冲突、合理建议等。

3　企业安全文化相关术语

3.1　安全承诺

3-1　什么是安全承诺?

安全承诺是指由企业公开做出的、代表了全体员工在关注安全和追求安全绩效方面所具有的稳定意愿及实践行动的明确表示。

3-2　安全承诺包含哪些内容?

安全承诺应包含安全价值观（核心安全理念）、安全愿景、安全使命、安全目标。企业应建立包括安全价值观、安全愿景、安全使命和安全目标等在内的安全承诺。安全承诺应做到：切合企业特点和实际，反映共同安全志向；明确安全问题在组织内部具有最高优先权；声明所有与企业安全有关的重要活动都追求卓越；含义清晰明了，并被全体员工和相关方所知晓和理解。

3-3　如何建立企业安全生产承诺体系?

各单位要研究建立企业领导、车间（工区）主任、班组长、岗位员工四层级安全生产承诺体系。例如：某厂（矿）长《安全生产承诺书》——"我作为单位领导，郑重承诺，在工作中严格执行国家法律法规，认真落实安全生产规章制度，认真履行各项安全职责和义务，保障员工的身体健康、生命和财产安全，防止和减少生产安全事故的发生"。某车间（工区）主任《安全生产承诺书》——"我作为车间（工区）领导，要严格执行法律法规，认真履行安全职责；不违章指挥，不违章管理；对员工的生命负责，对国家的财产负责，做到为官一任，保一方平安"。某班组长《安全生产承诺书》——"作为一名班组长，要认真履行班组长的职责，从我做起，从班组做起，遵章守纪，不违章指挥，对员工生命负责，对企业安全生产负责"。员工《安全生产承诺书》——"作为一名员工，履行安全职责。我要遵章守纪，履行职责，拒绝违章，按章操作，不冒险蛮干，对自己生命负责，对他人生命负责"。

3-4　什么是安全价值观?

安全价值观是指被企业的员工群体所共享的、对安全问题的意义和重要性的总评价和总看法。

3-5　安全价值观对企业安全生产有什么影响?

当企业的生产、研发、市场、技术改造、人事安排、资金投入等经济行为与安全生产出现或可能出现矛盾时，企业的相关决策就会明显受到安全价值观的支配。因此，对安全价值观的评价，很多时候要用典型决策过程和处理结果作为佐证。安全价值观支配人们在面对安全问题时的态度，进而驱动人们的安全行为。在企业内部，安全价值观反映了每个人的安全健康问题应该如何被看待，以及每个人又希望自己的安全健康问题如何被对待。应该在企业的安全价值观中清楚地表述出这种愿望，并且得到全体员工的熟知和认同。企业安全价值观一旦被确定，就不可轻易更改，必须保持长期稳定性，尤其不能由于企业领导层的频繁更换而随意改变既定的安全价值观。很多企业在目前的安全文化建设实践中，提炼出了自己的安全价值观，也有些企业则是以企业安全理念的形式表述自己的安全价值观的。安全价值观的实际例子有"职工生命高于天，安全责任重于山"以及"安全从不妥协"等。

3–6 什么是安全愿景？

安全愿景是用简洁明了的语言描述的企业在安全问题上未来若干年要实现的志愿和前景。例如，某厂矿安全愿景：厂区无伤害，员工皆安康；某车间（工区）安全愿景：设备无缺陷，员工无违章，实现零伤害；某班组安全愿景：现场无隐患，操作无失误，实现零伤害。

3–7 安全愿景对企业安全生产有什么影响？

安全愿景是组织中绝大多数成员共同持有的，发自内心、不懈追求的志愿和前景。它源于现实、高于现实又可以成为新的现实，有清晰的画面感，具有强大的感召力。一个好的安全愿景不仅仅是一个设想，更应该是变为人们心中深受感召的力量，这种力量在开始的时候可能只是由一个想法所激发。而一旦发展成一群人的众望所归时，就不再是一个抽象的东西。它可以创造出众人一心、天助人愿的感觉，孕育出无限的创造力。企业的安全愿景应有下属不同团队的安全愿景和个人安全愿景作支撑。安全愿景的作用是统一员工的思想，明确努力的方向，凝聚员工的力量。

3–8 如何制定企业安全愿景？

企业安全愿景的制定，一般由企业最高管理层负责，但是员工必须能够通过培训、宣讲等信息传播手段领会和理解安全愿景的意义和动力机制，从而产生坚定实现安全愿景的意愿。在很多情况下，如果企业已经存在经过提炼总结的安全理念，则对其进行重新审视和修改即可。安全愿景具有长期性、愿望式、情景式的特点，但又不能过于脱离实际。所以在提炼过程中要准确把握社会、行业安全发展趋势，紧密结合企业长期发展战略，从自身安全现状入手，开拓思路、大胆设想、做出符合企业实际的适当表述。安全愿景的具体实例如：辽宁某集团安全愿景：平安铁煤，幸福家园；某煤矿集团安全愿景：打造本质安全型矿井；某铁路局供电段安全愿景：为奔驰的列车传递不竭的动力，确保安全供电永不间断；香港道路安全愿景：路上零意外，香港人人爱；微软资讯（中国台湾）安全愿景：更好的控管、开发可靠及安全的产品、让危机更容易处理、减少恶意程式的冲击；某国外企业安全愿景：我们追求世界一流的安全目标；某国外企业安全愿景：我们每一天都要安全地完成任务；某国外企业安全愿景：成为本行业公认的最佳安全实践者。

3-9 什么是安全使命？

安全使命是通过精炼的语言概括，为实现企业的安全愿景而必须完成的核心任务。例如，某企业安全使命：构建平安企业，打造本质安全型企业；某车间（工区）安全使命：构建平安车间，打造本质安全型车间；某班组安全使命：构建平安班组，打造本质安全型班组。

3-10 如何制定企业安全使命？

对安全使命的叙述也应简要概括，不能过于详细，要便于员工理解和记忆。企业在描述安全使命时，应充分考虑所在行业特点、主要风险、企业的社会角色、社会责任和员工的重要权益等因素。在表述中应包括企业对内、对外的重要责任。此外安全使命是为实现企业的安全愿景服务的，应有相应的明确表述。安全使命的确定有时和安全愿景的确定结合在一起，不单独区分两者。安全使命是在安全愿景制定后，为安全愿景的实现而描述出的必须做的事情。它可以指企业组织与员工之间所期望的关系，也可以指企业与外部相关组织之间的关系。安全使命的常见格式为：为实现（安全愿景），我们将……如某国外企业安全使命——为了实现世界一流的安全目标，我们将不断改善安全业绩，使企业在职业安全健康方面处于国际前列。

3-11 什么是安全目标？

安全目标是为实现企业的安全使命而确定的安全绩效标准，该标准决定了必须采取的行动计划。例如，某企业安全目标：一年控制事故总量，两年杜绝死亡事故，三年实现零伤害；某车间（工区）安全目标：一年控制"隐患"总量，两年达到"无隐患车间或工区"，三年实现无隐患；某班组安全目标：一年控制"三违"总量，两年达到无"三违"班组，三年实现零违章。

3-12 如何制定企业安全目标？

安全目标是行动计划的焦点，分为远期、中期和近期目标。安全目标应明确、具体、切实可行，在计划期限内通过一定努力可以实现。目标制定应避免高不可攀和轻而易举两种倾向。在企业安全文化实际建设中，安全目标的设定方法与过去在安全管理中的设定方法并无不同，只是前者要结合企业的安全使命来考虑。企业安全目标的确定要针对自身安全最薄弱之处，对相关的每项危害制定出控制要求（标准）。这些目标既是企业安全计划的依据，又是激励员工的信息。安全目标的内容应该较为具体，不能太抽象，最好有可实现的数量指标，如"下一年度将员工的千人负伤率降低10%"、"两年内实现粉尘作业达标率100%"等。安全目标的设定可以分为长期的、中期的和短期的，可以有总体目标和各级分目标。在企业安全承诺中为安全使命的实现所描述的目标应为总体目标，不宜太详细。详细的分级目标可作为总目标管理的对象另行处理。

3-13 安全价值观、安全愿景、安全使命和安全目标有什么关系？

安全价值观、安全愿景、安全使命和安全目标的关系可用图3-1表示。

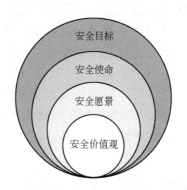

图3-1 安全价值观、安全愿景、安全使命和安全目标的关系

3-14 为什么要重视企业安全承诺的表述？

企业在进行安全承诺时，很重要的方面是如何通过安全承诺清晰地表达出企业员工所共同拥有的安全理念、安全政策和安全要求。安全承诺中可以包括企业在建立职业安全健康管理体系时（或者在其他情况下）制定的安全健康方针、宗旨等，但不能简单地用管理体系的方针或其他安全管理的要求来代替与安全文化建设有关的安全承诺。《企业安全文化建设评价准则》要求"企业的安全承诺在阐述和表达上应完整准确，具有较强的普适性、独特性和感召力"。同时《企业安全文化建设导则》中也强调"安全承诺应具有'代表性'、'明确性'、'稳定性'等"。为什么要设立这样的评价指标呢？因为一个完整的安全承诺是一个企业安全文化的灵魂。它决定着一种安全文化与另一种安全文化的本质区别。之所以会有先进的与落后的安全文化之分，根源就在于安全承诺的不同，尤其是安全价值观的不同。

像一个没有灵魂的人，再健康，再漂亮，却不能称其为真正意义上的人一样，没有灵魂的文化，形式上再令人眼花缭乱，结果也注定很快消亡。一个企业的文化灵魂，不仅要有，而且一定要被人们能清晰地感知，并被深刻地感召。只有这样，才会使企业文化深入人心，融进血液，根植在潜意识中，最终体现为行为习惯。之所以要设立这样一个指标，是因为有太多文化变革成功与失败的案例告诉我们，再好的价值观、愿景、使命和目标确立，如果在表述、传达等艺术或技术环节上出现败笔，同样会影响文化变革的成败。

3-15 企业安全理念或价值观的表述应遵循哪些原则？

成功的理念或价值观的表述，会有如下的共同特征：
(1) 表述完整、准确；
(2) 普适性；
(3) 独特性；
(4) 感召力。

3-16 如何使企业安全承诺的表述完整、准确？

这个要求看起来简单，实际做到却不容易。生活中，我们经常会听到、看到某些模棱两可的概念定义、含混不清的观点阐述，让你费尽心思、绞尽脑汁地理解，结果还是不知所云。而言简意赅、清楚明白地表述，对员工无疑是一种享受。现实中，有些企业归纳、提炼的企业理念、口号、核心价值经常会出现表述上的缺陷。造成员工接受和理解上的障碍和无法产生共鸣的后果，尤其是在借鉴国外的文化时，由于是两种语言之间转换，没有做到信、达、雅，翻译后变得生涩难懂、味同嚼蜡。安全文化在中国的传播之所以走了许多弯路，造成大家在概念上模糊不清、众说纷纭，与最初"安全文化"定义的中文译文费解难懂不无关系。此外，完整、准确同时也意味着简洁、明了、易懂、易记。

3-17 如何使企业安全承诺的表述具有普适性？

这里讲的普适性，不是空间概念上的普适，而是指对于时间概念和成员群体的普适。简单说，就是在相当长的时间内不需修改，人人都听得懂、看得懂、有共鸣。这也符合《企业安全文化建设导则》要求的"代表性"、"稳定性"的特征。安全承诺的表述要服从传播的目的需要，要容易理解，容易记忆，不要使用过于生僻的词语，过于复杂的修辞和结构。尤其是对其中重要的理念，应精练成近似标语、口号的形式来表述和理解。这种标语、口号式的传达，具有语言生动、通俗易懂、过目不忘、发人深省和耐人回味等特点。

3-18 如何使企业安全承诺的表述具有独特性？

安全承诺在表述上应该有创新，具有独特的阐述角度、语言风格和感染力，不能人云亦云、拾人牙慧，更不能明显地"山寨"。不具有独特性的表述在我们的企业安全文化传播中随处可见，而且往往效果不佳。这里要强调：只有个性突出、特色明显的文化才会更有生命力和影响力。所谓"只有民族的，才是世界的"讲的就是这个道理。企业安全文化的核心价值表述，不像贯彻某个方针、政策那样，一定与上级保持绝对一致。国家说"安全第一，预防为主，综合治理"，到企业集团，到分公司，到车间、到班组，都照抄这12个字，虽然没有错误，但是实际效果会大打折扣。对于一般员工来讲，会觉得生硬、呆板，只可能产生距离感，而不是亲切感。

3-19 如何使企业安全承诺的表述具有感召力？

安全承诺的表述上，要有感染力和号召力、令人振奋、引发共鸣。一般来讲，感召力来源于对受众内心憧憬的激发、内在情感的调动。所用文字既真实可信，又富有激情。通常，具有画面感的语言，更容易产生感召力。

3-20 什么是企业领导表率？

企业领导层特别是协调决策层能否身体力行地兑现与实践安全承诺，做出表率和示范至关重要。

3-21 企业决策层表率作用具体包括哪些内容？

企业决策层表率作用具体包括以下内容：

（1）提供安全工作的引领力，坚持决策的实施，以有形的方式表达对安全的关注；

（2）在安全生产上真正投入时间和资源；

（3）制定安全发展的战略规划以推动安全承诺的实施；

（4）接受培训，在与企业相关的安全事务上具有必要的能力；

（5）授权组织的各级管理者和员工参与安全生产工作，积极质疑安全问题；

（6）安排对安全实践或实施过程的定期审查；

（7）与相关方进行沟通和合作。

3-22 决策层如何做好企业安全文化的引领工作？

企业决策的价值观、道德修养、思想境界、行为方式往往决定着企业文化的形态、特色和提升空间。作为"角色性"的引领行为，其结果会直接影响企业的各种大政方针、规章和文化导向。而作为"非角色"的个人日常言行往往更能真实体现引领人的个人品质、人格效力或人格缺陷，在员工心目中产生的影响，有时超过引领人的"角色性"行为。因此，决策层是否时时处处、表里如一的率先示范，是影响企业组织的其他成员能否对安全承诺真正认同的重要因素。对于企业的引领人来说，安全承诺的内容往往是以决策层为主确立的，至少是经过决策层审定认可的，而且制定安全承诺可能就是启动安全文化建设的良好起点。因此，企业决策层应该说到做到，对安全承诺做出有形的表率，让各级管理者和员工亲身感受到领导者对安全承诺的实践。有形表率也可以称之为有感领导，是指决策层不仅在口头上或表面上强调安全的重要性，而且通过行为表现让人切实感受到事事处处对安全的重视，尤其是让普通员工真实地感到。决策层对安全问题的口是心非，会在员工中产生"安全并不像管理文件或安全会议上所强调的那样重要"的认识，从而形成一种劣质的安全文化。

3-23 什么是各级管理层示范推进？

企业的各级管理者应对安全文化的实施起到示范和推动作用，形成严谨的制度化工作方法，营造有益于安全的工作范围，培育重视安全的工作态度。

3-24 各级管理层示范推进具体包括哪些内容？

各级管理层示范推进具体包括以下内容：

（1）清晰界定全体员工的岗位安全责任；

（2）确保所有与安全相关的活动均采用了安全的工作方法；

（3）确保全体员工充分理解并胜任所承担的工作；

（4）鼓励和肯定在安全方面的良好态度，注重从差错中学习和获益；

（5）在追求卓越的安全绩效、质疑安全问题方面以身作则；

（6）接受培训，在推进和辅导员工改进安全绩效上具有必要的能力；

（7）保持与相关方的合作交流，促进组织部门之间的沟通与协作。

3-25 什么是职工理解支持？

对于企业的员工来说，企业的安全承诺应该是其安全价值观的具体体现，但是不同的员工，安全价值观会存在差异。因此企业应该为员工提供机会、开展培训，让每一个员工充分理解和接受企业的安全承诺。有些企业对每个员工都要求其制定自己的岗位安全承诺，这种做法因企业而异，标准中并没有统一要求。重要的问题是员工应结合岗位工作的任务来实践企业的安全承诺。企业员工应充分理解和接受企业的安全承诺，并结合岗位工作任务实践这种安全承诺。具体包括：在本职工作上始终采取安全的方法；对任何与安全相关的工作保持质疑的态度；对任何安全异常和事件保持警觉并主动报告；接受培训，在岗位安全工作中具有改进安全绩效的能力；与管理者和其他员工进行必要的沟通。

安全承诺的内容可能已是家喻户晓、耳熟能详，有较高的知晓率。但知晓率高，并不代表共鸣程度也同样高。员工熟知安全承诺的相关内容并不意味着对其内涵就有深刻理解和充分认可，也不代表对其内涵广泛接受和真心拥护。而这些又对员工是否愿意实践安全承诺起决定性作用。

3-26 什么是传达相关方？

安全承诺应当及时传达给有关单位和人员，主要包括传播范围、传播方式、传播频度和传播效果四个方面。

3-27 安全承诺的传播范围包括哪些人员？

传播范围分为内部和外部。这里所说的内部是指"企业大墙内"，包括企业内部所有员工，也包括在企业内从事各种生产经营活动的承包商及其员工。外部范围视企业的具体情况有所不同，但至少要包括员工家属、生产经营链上下游的供应商、协作商、银行、客户群体和所在社区公众等。

3-28 为什么要重视安全承诺的传播方式？

传播方式主要指选用合理的传播载体，使其更符合员工的信息接受习惯与媒体偏好，从而获得更加满意的效果。在安全文化的建设中，传播方式是一个十分关键的元素，往往直接影响传播效果。比如，对教育程度较低、年轻好动的员工；采用开会听报告的方式，可能不如组织某种互动式活动效果好；与其读书、看报，也许不如读一本"成人卡通"；听一次讲座，不如看一段动画。内容固然重要，但形式往往决定效果。

3-29 什么是安全承诺的传播频度？

传播频度是指时间安排与空间分布。传播频度的核心是时效性，包括是否及时和是否有效两个方面。及时，是指安全承诺的首次传播要迅速，不能是确立了安全承诺的内容，很长时间后员工还无法知晓。有效，是指在首次传播后，把握适当的时间间隔，采取不同方式重复传播，直到受众家喻户晓、人人皆知。空间分布是指所有传播方式与传播媒体在空间上应分配合理，使受众方便、快捷地获取相关信息。

3-30 对于安全承诺传播效果的评价有哪些评价指标？

严格地讲，传播效果会体现为深层和浅层两个方面。所谓"深层效果"是员工对传播内容的普遍认同。由于对安全承诺的认同，不仅与传播方式有关，还与其他一些重要因素相关。因此《企业安全文化建设准则》专门设立了一个二级指标阐述安全承诺认同。在这里主要评价的是浅层效果，即普遍认知。"认知度"和"知晓率"是描述评价结果的主要量化指数。所谓认知度，是受众个体对企业安全承诺内容的了解和理解程度，可采用多个测评点描述。知晓率是指受众群体对安全承诺的认知程度，可以更全面地评价传播的效果。

3.2 行为规范与程序

3-31 企业内部的行为规范应满足哪些要求？

企业应确保拥有能够达到和维持安全绩效的管理系统，建立清晰界定的组织结构和安全职责体系，有效控制全体员工的行为。具体包括：体现企业的安全承诺；明确各级岗位人员在安全工作中的职责与权限；细化各项有关安全生产的规章制度和操作程序；行为规范的执行者参与规范系统的建立，熟知自己在组织中的安全角色和责任；由正式文件予以发布；引导员工理解和接受建立行为规范的必要性，知晓由于不遵守规范所引发的潜在不利后果；通过各级管理者和被授权者观测员工行为，实施有效监控和缺陷纠正；广泛听取员工意见，建立持续改进机制。

3-32 企业内部的行为规范与企业安全承诺有什么关系？

企业内部的行为规范是企业安全承诺的具体体现。

3-33 企业内部的行为规范与企业安全文化建设有什么关系？

企业内部的行为规范是企业安全文化建设的基础要求。安全文化建设为企业安全管理提供润滑和催化作用，促进或制约安全管理的运行效果。企业全体员工的安全行为规范是安全管理系统的产物，同时也是对组织安全承诺的具体体现，是安全文化建设的准则要素，只有有了详细合理的安全行为规范，才能让每个员工具备安全行为的准则，安全文化建设才有了基础和依据。

3-34 企业制定内部的行为规范有哪些注意事项？

企业应该建立有效运行的管理系统，可以是企业已经建立并通过第三方认证的职业安全健康管理体系，也可以是按其他标准建立的体系，或者就是企业按照自己的要求建立的管理体系。企业的安全规章制度和安全操作规程都是安全行为规范的表现形式。实际上，已经存在规范健全的安全管理系统并不是开展安全文化建设的必要条件，无论安全管理系统的现状如何，企业都可以在此基础上推行安全文化建设工作。在安全文化建设过程中，安全管理系统也被不断完善和强化；同时，随着安全管理系统的强化，安全文化建设工作更加有执行力的保障。这是一个动态的过程。这种你中有我，我中有你的强化过程，有效地促进了企业安全绩效的不断进步。行为规范的制定是安全管理系统的职能要求，从安全文化建设的角度出发，应该强调行为规范的执行者参与规范系统建立的重要性，并且熟知自己在组织中的安全角色和责任。只有参与并发挥了主动的作用，员工才能真正对规范的要求给予尊重和认可。安全行为规范最终应由企业用正式文件予以发布。这种做法与建立职业安全健康管理体系文件的发布是一样的。规范的正式发布至少有两个作用：一是权威性；二是认可性。安全文化所重视的不是安全行为规范本身的完善性和正式性，而是规范被执行者接受的认可性。员工参与规范的制定固然可以提高其认可性，但也要组织所有员工进行规范的学习。学习过程要解决的重要问题是员工必须理解和接受建立行为规范的必要性，以及知晓由于不遵守规范所引发的、对自身利益的潜在不利后果。

3-35 企业进行员工行为观测有哪些注意事项？

员工行为观测方法已经被许多企业应用并且取得了显著的成效。已经开发出的行为观测方法有若干种，一般都是应用安全心理学和行为学的规律，结合企业管理的实践而提出来的。行为观察说起来简单，但是实行起来较为复杂，必须谨慎行事，否则会由于观察结果失真而得出错误的结论。作业方法、工作流程、动作反应等均可以作为行为观察的对象。行为观察对发现员工的违章行为作用不大，主要是为了发现现有工作或作业活动中是否存在安全上的缺陷和不足，尽管这些缺陷和不足可能是规程所认可的。行为观察也可以由员工之间相互进行或由员工自己完成，观察的目的是建立安全绩效持续改进的机制。

3-36 什么是安全程序？

安全程序是整体安全行为规范的重要组成部分，是企业对各种安全生产活动进行有效控制而制定的专门作业方法和流程，如在职业安全管理体系中的那些程序。

3-37 安全程序与行为规范有什么关系？

安全程序是行为规范的重要组成部分。企业应建立必要的程序，以实现对与安全相关的所有活动进行有效控制的目的。

3-38 如何建立和执行企业安全程序？

安全程序的建立和执行应做到以下几点：

（1）识别并说明主要的风险，简单易懂，便于实际操作；

（2）程序的使用者（必要时包括承包商）参与程序的制定和改进过程，并应清楚理解不遵守程序可能导致的潜在不利后果；

（3）由正式文件予以发布，通过强化培训，向员工阐明在程序中给出特殊要求的原因；

（4）对程序的有效执行保持警觉，即使在生产经营压力很大时，也不能容忍走捷径和违反程序；

（5）鼓励员工对程序的执行保持质疑的安全态度，必要时采取更加保守的行动并寻求帮助。

3-39　企业制定安全程序有哪些注意事项?

凡是需要制定安全程序的事务,一定存在必须专门控制的安全问题,因此在程序中要识别并说明主要的相关风险,并结合风险向员工阐明在程序中给出特殊规定的原因,以及让员工理解不遵守程序可导致的潜在不利后果,以便员工重视程序的执行。程序要简单易懂,便于员工的实际操作。程序也可能是不完善的,因此在遵守过程中,要有一定的怀疑态度。程序一旦颁布和实施,就具有法规的性质,相关员工必须严格遵守。但管理监控的局限性可能会使程序的执行力度被打折。良好安全文化的表现应该对程序在作业现场是否被有效执行保持警觉,这种警觉是作业的员工所具有的(对自己和他人)。由于生产经营的压力而违反程序的现象一旦发生,并且违反者没有受到管理制度的惩罚,马上就会在员工中产生安全规章制度和程序不那么重要的文化氛围,违章现象就会变得越来越普遍和严重。

3.3　安全行为激励

3-40　什么是安全行为激励?

激励是指通过高水平的努力实现组织目标的意愿,而这种努力能够满足个体的某些需要为条件。在任何文化形式中,行为激励都是非常重要的维系组织关系、达成组织目标和实现组织愿景的手段。它含有激发动机、鼓励行为、形成动力的意义。企业安全文化建设的十分关键的要素就是对员工安全行为进行有效的激励。适当的激励能够促使员工自觉、自愿、努力进行安全行为,并发挥其创造性工作的潜力。企业应当制定一套安全行为激励的规范、政策,统一激励方式和标准,确保激励工作长期、稳定,有效地执行和落实,避免激励行为的随意性、主观性和不公平性。行为激励是一个复杂的过程,涉及很多的理论和方法,企业在实际操作过程中,可以选择适用的行为激励方法加以应用。

3-41　企业进行安全行为激励的指标有哪些?

为提高员工工作积极性,企业一般在多个管理环节都建有相应的行为激励制度,比如人才晋升激励、业绩考评激励等。在企业各种激励制度中,应当将安全绩效作为首要的激励指标。比如,在业绩考核激励制度中规定,就算员工其他业绩指标很好,完全达到考核标准,但如果安全绩效指标不达标,也是同样不能达标。

企业在审查和评估自身安全绩效时,除使用事故发生率等消极指标外,还应使用旨在对安全绩效给予直接认可的积极指标。消极指标诸如各种事故率、负伤率、死亡率等,是经常使用的指标,但它们具有消极的性质,单纯使用这些指标容易挫伤员工的积极性。积极指标可以补充负面消极指标的影响,给员工带来正面的积极影响。积极指标有很多种,它们都是对安全绩效的正面反映,是对工作成绩的认可,可以成为激励员工持续改进的强大动力。

3-42　如何通过给予员工鼓励进行安全行为激励?

员工应该受到鼓励,在任何时间和地点,挑战所遇到的潜在不安全实践,并识别所存在的安全缺陷。对员工所识别的安全缺陷，企业应给予及时处理和反馈。这种激励方式实际上是利用了员工参与和角色认可的机制。不可否认的是，鼓励员工做到这一点并不容易，要建立相应的制度作为保障，还要培训员工使其具备挑战不安全实践和安全缺陷的能力。这种激励方式的应用会带来管理工作量和质量的高要求，对管理人员的素质要求也较高，但是一旦有效施行，对事故的纵深预防效果巨大。

3 - 43　如何通过建立员工安全绩效评估系统进行安全行为激励？

人的行为有两种，即有意识行为和无意识行为。无意识的行为源于习惯。有意识的行为源于激励。对于任何个体来说，有意识的个体动力行为均来源于三方面的动力：趋利、避害和繁殖。建立激励机制的目的，就是根据个体行为的规律和特点，通过一套理性化的制度来调动人有意识的正面行为，抑制其负面行为。任何安全行为激励机制几乎都围绕上述三种动力源而设计，但在具体设计过程中，往往由于制度性的惩戒过重，而有可能导致隐瞒事故或其他新的不安全行为，从而导致更为严重的后果发生。针对安全生产的激励机制应以激励"安全行为"而非表面化的"安全结果"或"安全绩效"为要旨。

企业宜建立员工安全绩效评估系统，应建立将安全绩效与工作业绩相结合的奖励制度。审慎对待员工的差错，应避免过多关注错误本身，而应以吸取经验教训为目的。应仔细权衡惩罚措施，避免因处罚而导致员工隐瞒错误。建立将安全绩效与工作业绩相结合的奖励制度这一条要求看似明白，但许多企业却认识不到或者认识到却做不到。例如，某企业在对员工进行工作绩效考核发放奖金时，没有专门考核安全行为表现，只以产量作为计算标准，就属于这种情况。员工出了安全上的差错，就要进行调查和分析，找到导致差错的原因，加以改进。对员工是否有错，要进行分析，但这种分析的目的不是为了处罚员工，而是更多地让他吸取教训，改正错误。员工发生责任事故，需要根据其责任的大小给予惩罚，这是必然的。但是处罚措施往往会导致员工在事故发生后刻意隐瞒事故情况，以保护自己不受处罚。尤其对一些较轻微的"小事故"，被员工隐瞒的后果就是，大事故无法杜绝。

3 - 44　如何通过树立安全榜样进行安全行为激励？

企业宜在组织内部树立安全榜样或典范，发挥安全行为和安全态度的示范作用。通过榜样或典范的带动作用，为员工设立生动具体的参照系，营造安全行为和安全态度的示范效应。在我国，榜样的行为激励方法是经常使用的。许多企业开展了"安全生产标兵"、"安全标兵"、"安全之星"、"安全能手"等榜样激励的评选活动，可以作为借鉴。

3.4　安全信息传播与沟通

3 - 45　安全信息传播与沟通在企业安全文化建设中起什么作用？

各种安全信息是安全文化内容的载体，信息的传播和沟通是营造安全文化氛围、构造企业特色安全文化表现形式的重要手段。因此，企业安全文化建设离不开安全信息的传播和利用。

3-46　如何建立企业安全信息传播系统？

企业应建立健全信息传播系统，综合利用各种传播途径和方式，提高传播效果。安全信息的传播必须利用信息传播系统，企业应根据自身的情况来确定传播系统和形式。形式只是手段，重要的是要提高传播的效果。企业在安全文化建设中可以利用的信息传播系统的种类有很多，目前大家常用的硬件系统有企业内部闭路电视系统、局域网信息系统、广播系统、企业安全文化长廊（画廊）、安全橱窗、安全宣传栏、安全黑板报、安全文化手册、企业内部刊物等。企业内部的各种组织体系承担着安全信息传播的职责。企业行政系统中的安全管理系统、宣传教育系统是安全文化建设过程安全信息的主要传播体系，而企业内的工、青、妇群众组织及其他组织是安全信息传播的辅助体系。

3-47　安全信息主要有哪些传播形式？

从安全信息传播的形式上看，可以分为被动接受式和主动参与式两种。企业目前常用的被动接受传播形式有：播放安全生产题材的电视片、开设安全信息浏览网页、召开安全信息会议、设立安全信息宣传橱窗或长廊、发放各种安全信息刊物和材料等。这种安全信息传播形式基本上是利用各类硬件系统进行的。主动参与式的安全信息传播形式是依靠员工的参与实现的，如企业组织的各种安全文化活动、知识竞赛、技能比赛等。

3-48　如何优化企业安全信息传播内容？

企业应优化安全信息的传播内容，将组织内部有关安全的经验、实践和概念作为传播内容的组成部分。与配备信息传播系统的硬件设施相比，所传播的安全信息内容更加重要。除了从外部获得的一般性和通用性内容外，企业应该更加重视对本企业各岗位的安全经验和安全意识进行不断地总结，将其作为传播内容的重要组成部分。来自于企业内部的安全文化建设实例对员工的吸引力最大、认可度最高、效果最好。

3-49　如何建立良好的企业沟通程序？

企业应就安全事项建立良好的沟通程序，确保企业与政府监管机构和相关方、各级管理者与员工、员工之间的相互沟通。沟通应满足以下内容：确认有关安全事项的信息已经发送，并被接受方所接收和理解；涉及安全事件的沟通信息应真实、开放；每个员工都应认识到从他人处获取信息和向他人传递信息对企业安全的重要性。沟通是安全文化建设的关键问题，在企业各级人员之间、企业和相关方之间保持良好的沟通是使企业的安全承诺、安全要求和安全经验得到共享和接受的必要保障。有效的沟通过程不能靠人们自发行为来实现，因此"企业应就安全事项建立良好的沟通程序"。

信息沟通应具有可靠性。在许多由操作错误导致的事故发生后，进行调查时发现，操作错误者接受了不明确或理解错误的指令。目前许多关键的操作或作业过程需要复述形式，就是为了防止信息沟通失误。尤其是管理者向下属传达或布置工作意图时，下属经常会接受到不完全的或失真的信息。

信息沟通应具有真实性。虚假的信息可以来自刻意的伪造，也可以来自无意的误解。

良好的安全文化需要的是真实的信息。一旦虚假信息被接受者识别出来，就会让其对其他真实信息也产生不信任感，乃至对信息传播者产生不信任感。

信息沟通应有足够重要的地位。安全生产问题是复杂的、动态的，随时会遇到新的情况出现，因此必须加强信息的沟通。

3.5 自主学习与改进

3－50 自主学习和改进与企业安全文化建设有什么关系？

企业安全文化的建设过程，实际上就是一个不断学习和改进的过程。

3－51 如何建立有效的企业安全学习模式？

企业应建立有效的安全学习模式，实现动态发展的安全学习过程，保证安全绩效的持续改进。安全自主学习过程的模式如图 3－2 所示。

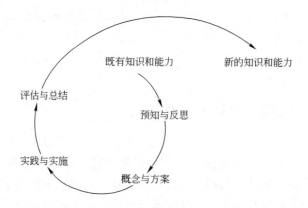

图 3－2   企业安全自主学习过程的模式

有了对学习过程的要求，企业应该对员工进行必要的培训及定期复训，这与企业在平常的安全管理中所做的安全培训没什么不同。培训内容除有关安全知识和技能外，还应包括对严格遵守安全规范的理解，以及个人安全职责的重要意义和因理解偏差或缺乏严谨而产生失误的后果。只有理解了这些深刻的道理，才能让员工改变态度，提高培训效果。

值得强调的是，安全学习不仅是利用课堂讲授他人的安全知识和经验，也不仅是开展实际操作训练，更重要的是学习来自于把企业内部所发生的安全事件作为负面的经验加以总结，提炼出规律，然后应用到类似的场合或部位，这就是所谓的自主学习法。学习过程应该成为员工改进安全条件和行为的过程，如果每个员工通过自主学习机制对安全问题给予关注，并且能够提出改进建议甚至亲自改进，则企业的安全生产工作必然会保持在高水平上。

3－52 如何建立企业岗位适任资格评估和培训系统？

企业应建立正式的岗位适任资格评估和培训系统，确保全体员工充分胜任所承担的工作。企业应该做到以下几点：制定人员聘任和选拔程序，保证员工具有岗位适任要求的初始条件；安排必要的培训及定期复训，评估培训效果；培训内容除有关安全知识和技能外，还应包括对严格遵守安全规范的理解，以及个人安全职责的重要意义和因理解偏差或缺乏严谨而产生失误的后果；除借助外部培训机构外，应选拔、训练和聘任内部培训教师，使其成为企业安全文化建设过程的知识和信息传播者。

3-53 如何吸取教训认真改进企业规范和程序？

企业应将与安全相关的任何事件，尤其是人员失误或组织错误事件，当做能够从中汲取经验教训的宝贵机会与信息资源，从而改进行为规范和程序，获得新的知识和能力。

3-54 如何鼓励员工对企业安全问题予以关注？

应鼓励员工对安全问题予以关注，进行团队协作，利用既有知识和能力，辨识和分析可供改进的方面，对改进措施提出建议，并在可控条件下授权员工自主改进。

3-55 如何建立企业宣传教育机制？

经验教训、改进机会和改进过程的信息宜编写到企业内部培训课程或宣传教育活动的内容中，使员工广泛知晓。

3.6 安全事务参与

3-56 什么是安全事务参与？

所谓"安全事务参与"就是不同程度上，让员工亲身参与企业的制度制定、安全决策、活动实施过程及各种管理事务，尤其让普通员工与管理者处于平等位置来共同研究和讨论安全生产问题。

3-57 安全事务参与对企业安全文化建设有什么意义？

参与可以让员工分享企业关于安全决策、安全管理的途径和方式，增加员工进言献策的机会，实现各级有效沟通，最大限度调动员工的工作热情。从行为心理学分析，参与为员工提供了一个获得企业尊重和重视的机会。通过参与商讨与自己有关的问题，可激发其强烈的责任感，增强安全行为的自主性和积极性。企业安全文化的建设是一个持续的、与全员有关的过程，而不是阶段性的、仅由领导去推动的过程。企业的安全生产与安全发展仅仅依靠决策层和管理层的智慧是远远不够的，需要充分调动广大员工参与安全管理的积极性。事故直接致因和事故隐患往往暴露在生产一线，基层员工经常掌握更多的一手信息，承担更直接、更具体的事故预防责任。让员工以企业安全我受益，企业事故我受损的心态全面参与安全管理，提出各种改善安全管理和安全绩效的建议，是企业安全文化推进到高级阶段的显著标志。许多企业的实践证明，员工的充分参与会使事故率大幅降低，安全绩效明显提升。

3-58 如何落实企业全体员工对安全贡献的责任？

全体员工都应认识到自己负有对自身和同事安全做出贡献的重要责任。员工对安全事务的参与就是落实这种责任的最佳途径。

3-59 如何建立多种员工参与方式？

员工参与的方式可包括但不局限于以下几种：

（1）建立在信任和免责基础上的微小差错员工报告机制；

（2）成立员工安全改进小组，给予必要的授权、辅导和交流；

（3）定期召开有员工代表参加的安全会议，讨论安全绩效和改进行动；

（4）开展岗位风险预见性分析和不安全行为或不安全状态的自查自评活动。

企业组织应根据自身的特点和需要确定员工参与的形式。这些员工参与形式都是根据企业安全文化建设的实际经验总结出来的，是行之有效的方法。但每个企业还要根据自己的需求和特点找到最适合自己的员工参与方式，不能拘泥于这里给出的集中方式。

3-60 如何让承包商对企业安全绩效做出贡献？

企业安全文化建设不能孤立地进行，企业项目的承包商或供货商、服务相关方等对企业安全文化的建设会产生重要的影响，所有承包商对企业的安全绩效改进均可做出贡献。企业应建立让承包商参与安全事务和改进过程的机制，包括：

（1）应将与承包商有关的政策纳入安全文化建设的范畴；

（2）应加强与承包商的沟通和交流，必要时给予培训，使承包商清楚企业的要求和标准；

（3）应让承包商参与工作准备、风险分析和经验反馈等活动；

（4）倾听承包商对企业生产经营过程中所存在的安全改进机会的意见。

3.7 审核与评估

3-61 审核与评估对企业安全文化建设有什么意义？

由于企业安全文化建设的持续改进性，因此对安全文化建设情况进行审核是必要的。从目前的现实来看，组织企业安全文化的外部审核还没有足够的社会支持，因此现阶段的审核主要还是企业内部的审核。

3-62 如何对企业安全文化状况进行全面审核？

企业应对自身安全文化建设情况进行定期的全面审核，包括：

（1）管理层应定期组织各级管理者评审企业安全文化建设过程的有效性和安全绩效结果；

（2）管理层应根据审核结果确定并落实整改不符合、不安全实践和安全缺陷的优先次序，并识别新的改进机会；

（3）必要时，应鼓励相关方实施这些优先次序和改进机会，以确保其安全绩效与企业协调一致。

审核的主要目的不是发现安全上的具体问题，而是着眼于企业安全文化建设的总体状况。

3-63 安全文化建设及审核对评估方式有什么要求？

在安全文化建设过程中及审核时，应采取有效的安全文化评估方法，关注安全绩效下滑的前兆，给予及时的控制和改进。

4 企业安全文化构架

4.1 企业安全文化构架概述

4-1 企业安全文化构架的主要内容是什么?

企业安全文化构架的主要内容是以企业安全理念文化、制度文化、行为文化、物质文化为支撑,开展安全文化建设,激发员工热爱生命、珍惜生命、保护生命、尊重生命,实现安全生产的持续健康发展。

4.2 企业安全理念文化

4-2 什么是安全理念?

安全理念是被企业的员工所共享的、对安全问题的意义和重要性的总体评价和总看法。

4-3 安全理念的作用是什么?

理念反映了每个人的人生观,人生观决定了一个人的价值取向和行为准则。安全也一样,每个人都有安全理念。安全理念是每个人安全意识、安全观念、所处环境、安全技能等安全问题的综合反映,是企业安全文化的旗帜、方向和灵魂。安全理念是一种精神理念,没有安全理念的精神支柱,就很难保证安全。安全理念的培养、形成和发展,直接影响到社会发展的进程和人们生活的质量高低,关系着人类的生存和发展。市场经济条件下的全民安全理念,实质上是政府、企业、劳动者的安全理念及其相互关系,核心是如何保障公民的安全生活、劳动的权力。

4-4 如何建立企业安全理念体系?

企业要根据本单位的安全生产特点,建立起厂矿(部门)、车间、班组、岗位(工种)四层级的安全理念体系。例如,某厂矿安全文化理念:"一切事故皆可预防,一切事故皆可避免"的事故预防理念;某部门安全文化理念:"不违章指挥、不违章管理"的科学管理理念;某车间(工区)安全文化理念:"安全为天、生命至上"的安全价值理念;某班组安全文化理念:"规则意识树立、安全行为养成、自我管控引领"的先进管理理念;某岗位安全文化理念:"一举一动有规,一招一式有序"规范化理念;某工种安全文化理念:"按章操作、远离'三违'、做安全人"的员工行为理念。

4-5 什么是安全理念文化？

安全理念文化是指企业的领导和职工共同信守的安全基本准则、信念、安全价值和标准等，是企业安全文化的核心和灵魂，是企业安全管理工作的指南，是形成企业安全文化制度层和物质层的基础。

4-6 安全理念文化对企业安全文化建设有什么意义？

企业安全理念文化的形成是衡量一个企业是否形成了自己的安全文化的标志。安全理念的形成，是科学实践和文化积淀的凝结和提炼，它是企业安全文化的旗帜、方向和灵魂，决定和影响着企业安全规章制度的价值和作用，也是今后安全行为规范和安全研究的引领。

4-7 安全理念文化建设的内容是什么？

安全理念文化建设是企业从以往安全生产实践的积淀中提炼、凝结、创建并保持具有特色的、符合个性的安全理念体系，通过多渠道、多层次的宣传、灌输和导入，固化为企业和员工的安全价值标准，引领员工安全自律，引领企业安全发展的过程。

企业安全理念文化建设具体内容主要有：
（1）安全理念文化优化整合、归纳提炼与固化程式；
（2）企业安全理念与安全承诺；
（3）安全提醒和救命法则。

4-8 企业安全提醒有什么作用？

在上岗之前各级人员都要提出必要的提醒，以牢固操作人员的记忆，使操作人员在操作时记住这些提醒，对于减少事故的发生有着积极的作用。

4-9 企业安全提醒包括哪些内容？

企业安全提醒包括以下内容：
（1）厂矿长提醒；
（2）车间（工区）管理者提醒；
（3）班组长提醒；
（4）岗位员工自我提醒。

4-10 厂矿长提醒应该包括哪些内容？

以某集团为例，其厂矿长提醒内容如下：
（1）作业前要实施安全确认，落实岗位责任；
（2）对高危岗位、高危作业区进行挂牌监控，定期评价；
（3）建立岗位预案，搞好本岗位演练，提高自我防护能力；
（4）认真学习本岗位、本工种的事故案例，吸取事故教训，杜绝同类事故再次发生；
（5）检修等非正常作业，必须制定切实可行的安全技术措施，并向员工进行安全技术交底；

（6）严格执行交接班制度，发现隐患及时上报。

4-11 车间（工区）管理者提醒应该包括哪些内容？

以某集团为例，其车间（工区）管理者提醒内容如下：

（1）遵章守纪，按标施工，做到"三不伤害"；

（2）作业前要实施岗位安全确认，营造确认氛围，切实做到安全生产；

（3）班前要实施点检，每班做好点检记录与确认；

（4）严格遵守安全技术操作规程，按作业程序和动作标准作业；

（5）特种设备人员必须持证上岗，严禁无证操作。

4-12 班组长提醒应该包括哪些内容？

以某集团为例，其班组长提醒内容如下：

（1）按规定穿戴好劳动保护用品；

（2）坚持上标准岗、干标准活、交标准班；

（3）严禁在作业现场流动吸烟；

（4）严禁班前、班中饮酒。

4-13 岗位员工自我提醒应该包括哪些内容？

以某集团为例，其岗位员工自我提醒内容如下：

（1）为了幸福，我要安全，为了安全，我要尽责；

（2）把每一天的工作做好，把具体的事情干好，这就是成绩；

（3）永远说有利于企业的话，永远做有利于企业的事；

（4）一切注重实效，一切从小事做起。

4-14 企业救命法则包括哪些内容？

以某集团为例，其企业救命法则内容如下：

（1）要正确穿戴劳动防护用品或防护用具进入工作区域，否则将损害你的健康或使你失去生命；

（2）绝不进入或将自己置于悬吊设备下工作，否则将损害你的健康或使你失去生命；

（3）绝不进入未进行安全确认的区域作业，否则将损害你的健康或使你失去生命；

（4）绝不操作未进行安全确认的设备设施，否则将损害你或他人的健康或使你或他人失去生命；

（5）绝不在无允许的情况下操作设备或改变设备的操作程序，否则将损害你或他人的健康或使你或他人失去生命；

（6）绝不操作无连锁保护装置的设备，否则将损害你或他人的健康或使你或他人失去生命；

（7）绝不违反安全规章制度和安全操作规程，否则将损害你或他人的健康或使你或他人失去生命；

（8）绝不拆除、移动安全防护设备装置，否则将损害你或他人的健康或使你或他人失去生命；

（9）绝不横穿、跨越安全防护装置，并确保工作台和护栏有效，否则将损害你的健康或使你失去生命；

（10）高空作业要使用合格的防坠系统，否则将损害你的健康或使你失去生命；

（11）绝不取下危险场所的安全警示标志，否则将损害你或他人的健康或使你或他人失去生命；

（12）绝不靠近存在危险的设备设施，否则将损害你的健康或使你失去生命；

（13）绝不指挥他人违章作业，否则将损害他人的健康或使他人失去生命；

（14）如果有违反救命法则的行为，要对这种行为进行阻止并上报。

4-15 如何进行企业安全文化动员？

企业应定期举行安全文化动员，安全文化动员有很多种方式，效果最好的是安全文化动员大会的形式，企业主要负责人和各部门负责人召开企业安全文化动员大会，会后各部门负责人将大会主要内容结合本部门的特点传达给部门班组长，班组长再以班前会的形式传达给员工，从而达到全体企业员工动员的效果。

4-16 如何建设企业安全理念文化？

通过多层级安全理念体系建设，形成一套价值观念领先、员工广泛认同、行为养成有力、管理提升有效的安全理念引领体系，培养员工养成一种安全意识牢固、自觉遵章守纪、操作规范严谨的安全文明行为习惯，并通过多渠道、多方式的导入和宣传，固化为企业和员工的安全价值标准，引领员工安全自律，引领企业安全发展。结合实际，在掌握、了解员工"安全愿景"的基础上，挖掘、提炼出具有企业特色和岗位特点，能够被广大员工所认同、理解、接受、执行的适应企业发展的安全理念体系。把安全理念文化有效导入，形成理念力；把安全理念文化融入渗透到生产经营过程中，形成安全管理力；发动员工广泛参与安全理念文化建设，形成行动力；并以"三力"为安全理念文化建设的着力点，促进安全理念文化建设整体推进。

4-17 岗位安全文化包括哪些内容？

岗位安全文化是企业安全文化的"基石"，是推动企业安全文化不断发展、提升的关键，是激发岗位员工树立规则意识，养成良好安全行为习惯的动力。岗位安全文化的内容包括：岗位员工安全承诺、岗位员工救命法则、岗前安全准入标准与准入行为规范、岗位隐患排查规范与整改核销工作流程、岗位事故应急预案、岗位亲情化和岗位劳保品佩戴标准与穿戴规范等。

4-18 岗位安全文化在企业安全文化建设中起什么作用？

通过建设和规范运作岗位安全文化，使岗位员工时刻处于安全文化氛围的感染之中，激发员工安全价值观、安全素质观和安全责任观的提升，对员工安全工作起到引领作用，促进员工规则意识的树立和良好安全行为的养成，逐渐让员工养成自觉安全行为，从而实现安全文化的导向作用、凝聚力作用、激励作用和提升作用，最终实现以岗位安全文化引领岗位安全发展，实现岗位"零伤害"和岗位平安。

4－19 企业应树立什么样的安全人本理念？

安全文化的建设，就是为了减少甚至是避免人身伤亡和财产损失，所以人本理念即是"员工的生命健康高于一切"。只有树立了员工生命高于一切的人本理念，企业才不会进行忽视安全的盲目生产，真正把员工的生命健康放在第一位，有了这样的理念，每个员工在工作的同时才会自觉地重视安全。

4－20 企业应树立什么样的安全发展理念？

企业是不断发展的，只有在积极的发展状态下，企业才会取得长久的经济效益，取得经济效益的同时又促进了企业的继续发展。但是发展的前提是保证安全，如果没有安全保驾护航，那么一切发展都是虚无缥缈的。所以企业安全发展理念应当是"安全引领，文化发展"。

4－21 企业应树立什么样的安全管理理念？

事故致因理论中的轨迹交叉理论认为，事故是由于人的不安全行为和物的不安全状态在时间和空间上的交叉而导致的，而预防事故的发生不仅仅是避免人的不安全行为和物的不安全状态，还应该做好积极的安全管理工作。消除人的不安全行为和物的不安全状态也是安全管理工作的一部分，积极先进的安全管理模式能直接减少伤亡事故的发生，所以应加强安全管理，加大隐患排查力度，教育员工不做违章的动作。安全管理理念可以根据企业不同的安全管理情况而制定。

4－22 企业应树立什么样的安全操作理念？

人的不安全行为是造成事故的直接原因，而人的不安全行为直接表现在操作失误上，这种失误可能是由于粗心大意造成的，也可能是由于为了节省时间、力气造成的，每次错误的操作不一定都带来事故，但是每次安全操作必定不会带来事故。所以企业应建立"先确认，后操作"的安全操作理念。

4－23 企业应树立什么样的基本安全态度？

态度决定一切，对于安全的态度很大程度上决定了事故发生的概率，因此建立正确积极的安全态度十分重要，企业应以"人的生命高于一切，安全是企业最大的效益"作为基本的安全态度。

4－24 企业负责人应具有哪些安全观？

企业负责人是企业安全管理的重要层面，是宣传贯彻安全生产方针、政策、法规的组织者，是保证企业生产安全的监督者和责任者。他们的安全意识直接影响着企业安全管理的成败。企业负责人应具有的主要安全观如下：

（1）"安全第一"的哲学观；

（2）"安全就是效益"的经济观；

（3）"安全就是生命"的感情观；

（4）"人－机－环境"协调的系统观；

（5）"预防为主"的科学观；

（6）安全教育的优先观；

（7）安全管理的基础观。

4－25 什么是"安全第一"的哲学观？

安全与生产存在于一个矛盾的统一体中，安全伴随生产而产生和存在，没有生产就没有安全问题，但是没有安全的保证，生产就难以顺利进行。安全与生产的关系是相互促进、相互制约、相辅相成的关系，即生产是企业的目标；安全是生产的前提，生产必须安全。"安全第一"体现了人们对安全生产的一种理性认识，这种理性认识包含两个层面。

（1）生命观。它体现人们对安全生产的价值取向，也体现人们对人类自我生命的价值观。人的生命是至高无上的，每个人的生命只有一次，要珍惜生命、爱护生命、保护生命。事故意味着对生命的摧残与毁灭，因此，在生产和生活中，应把保护生命的安全放在第一位。

（2）协调观。即生产与安全的协调观。任何一个系统的有效运行，其前提是该系统处于正常状态。因此，"正常"是基础，是前提。从生产系统来说，保证系统正常就是保证系统安全。安全就是保证生产系统有效运转的基础条件和前提条件。如果基础和前提条件不保证，没有安全的保障，就谈不到有效运转，生产就不能正常地进行。安全与生产是一个矛盾的统一体，处理得当则两者相得益彰，处理不当则两败俱伤。企业生产的目的在于追求经济效益，但追求经济效益是建立在以人为本兼顾社会效益基础上的。因此，当生产与安全发生矛盾时，应首先解决安全问题，只有正确地处理好安全与生产的关系，落实好各项安全制度，才能保证安全生产，这就是"安全第一"。只有企业决策者都充分意识到安全生产对人、对企业、对社会的极端重要性，在思想上高度重视安全工作，树立"安全为天"的思想，时时刻刻把安全和人的生命与健康、企业的效益和社会的责任联系在一起，才能通过企业全员的主动、积极参与减少事故的发生，减少人员伤亡和财产损失。

"安全第一"的哲学观要求我们把安全工作放在一切工作的首位，在组织机构上，安全工作部门的权威要大于其他部门，要落实好"安全一票否决权"，在工作安排上安全工作要主宰一切工作的始终，并以安全为中心安排、部署工作。在资金管理中确保安全设施和设备的资金投入，切实地把安全工作作为企业一切工作的基础，正确处理好安全与生产、安全与效益、安全与稳定的关系，才能做好企业的安全工作。

4－26 什么是"安全就是效益"的经济观？

就宏观而言，安全与效益在本质上是统一的，是互相依从、相互促进的关系。安全是经济发展的前提，安全是不能用经济效益弥补的，它是我们对自己、对他人的责任。现代安全经济学的"三角形理论"认为：经济是三角形的两条边，安全是一条底边。没有底边，这个三角形是不能成立的；底边不牢固，三角形同样是要受到破坏。可见，安全是经济发展的前提，没有安全就没有效益。对微观而言，安全生产与经济效益是对立统一的关系。两者既相互矛盾，又辩证统一，解决这对矛盾的关键是如何找出两者之间的平衡点。确保员工的生命安全、身体健康、财产不受损失甚至对社会不造成任何危害，这是每一个企业的责任；同时确保资产的保值增值和员工的切身利益，这既是责任的体现，也是每一个企业的根本目的。

安全生产可以促进企业的良性发展，为企业创造良好的生产环境；安全生产可以避免和减少事故造成的各项损失，增进潜在效益。安全是效益的重要组成部分，也是实现效益的重要手段，没有安全，企业根本不能维持正常运转，没有安全内涵的效益是缺陷效益，必然无法实现最优效益。企业生产的目的就是用最少的劳动消耗生产最多的符合社会需要的劳动产品，即企业生产的目的就是在生产产品的同时，获取一定的经济效益。没有效益，安全也就失去了存在的价值。安全投入包括两个方面：一是直接用于解决物的不安全因素（事故隐患），改善劳动环境，提高物质安全化的资金投入。二是用于加强安全生产管理，以解决人的问题为主的人员观念、人员素质的投入。如开展各种安全知识竞赛、安全活动、安全教育、安全培训的投入，职工防护用品与保健、安全技术攻关等投入皆构成了企业安全投入、投资。对于安全投入，很多人认为，安全投入的效益是摸不着、看不见的，是一种只投入不产出的亏本事。增加安全投入就增加企业成本，减少收入和利润。这种看法是片面的，这是因为安全投入所反映的经济效益有它独有的特征，未能被人直观地认识。它不同于一般生产经营性的投资，所产生的效益并不像普通的投资那样直接反映在产品数量的增加和质量的改进上，而是潜在地渗透在生产经营活动过程和成果中。究其本质，安全投入应算是一种特殊的投资。安全投入的直接结果不但提高了企业安全管理的水平，解决了不安全因素，不发生或减少发生事故和职业病，而且保证生产经营活动的正常运行，使得生产经营性投入不受到损失，实现产品质量、产量的提高，节约材料，降低成本。而这个结果是企业持续生产、保证正常效益取得的必要条件。从经济的角度看，如果安全生产工作做好了，企业效益就有保证，人们的生活和生产秩序也才有保障，从而发挥极大的社会效益。实践表明，安全投入不仅仅给企业带来的是间接的回报，而且能产生直接的经济效益。增加安全投入可以降低事故成本、误工成本和补充员工成本，可以提高员工的生产率。如果摆不正两者的关系，一旦企业发生事故，不但会危及个人的生命安全，而且给企业造成财产损失、停产损失、经济赔偿等一系列重大的经济损失，同时还要花费一定的人力、物力、财力去处理。另外还会造成员工情绪波动，人心不稳，影响企业的正常生产，造成不可估量的、恶劣的社会影响等间接损失。一个好的管理者，要进一步加强对安全工作的认识，增强经济意识，把花在安全生产上的钱，即避免损失的投入看成是一种投资，而不是一项开支，只是它的产出总是间接地反映出来。

所有这些都充分说明了"安全就是效益"的观念，说明向安全要效益的重要性和可能性。一个企业安全生产搞得如何，必然会影响企业的效益。只有实现安全生产，才能减少事故带来的经济、信誉等损失和由此产生的负面效应，员工才有安全感，才能增强企业的凝聚力，提高企业的信誉，才可以获得经济效益和社会效益。因此，一定要建立安全就是效益的观念，从抓企业效益的角度抓好安全工作，摆正安全与生产的关系、安全与效益的关系。只有提高安全整体水平，才能保证经济效益持续发展和提高。

4-27　什么是"安全就是生命"的感情观？

"人的生命只有一次"，充分说明人的生命和健康的价值。强化"善待生命，珍惜健康"是我们每个人都应该有的感情观，不仅要爱自己的生命，而且要爱别人的生命。用"爱人、爱己"、"有德、无违章"教育珍惜生命，用"三不伤害"保护生命，用"热情教育、盛情关怀、严格管理"增强生命活力，要有"违章指挥就是谋杀，违章作业就是自杀"的责任感。广施仁爱，尊重人权，保护人的安全和健康的宗旨是安全的出发点，也是安全的归宿，更是安全伦理的体现。

4-28　什么是人-机-环境协调的系统观？

现代工业生产中力求人-机器-环境系统协调，确保人-机器-环境系统的可靠运作是企业管理的重要内容。三者只有正常地相互作用才能使生产得以顺利进行。在企业生产中，人是主体，具有能动的创造力，而机器、环境为人所驾驭或改造。人们对于机器的操作和对环境的适应也不是与生俱来的，而须经过大量的、长期的培训和练习。况且现代工业生产是集体劳动，在作业过程中的协调配合也是至关重要的。认识人-机-环境三者之间相互协调、适应和匹配这个关系的重要性，对于我们改造和实施安全工程、改变硬件设施、加强管理手段、提高软件水平具有重要的现实意义。

4-29　什么是"预防为主"的科学观？

安全的本质含义应该包括预知、预测、分析危险和限制、控制、消除危险两个方面。无数事实说明，对危险茫然无知、没有预防和控制危险能力的"安全"是盲目、虚假的安全。仅凭人们自我感觉的"安全"是不可靠的、危险的安全。"预防为主"体现了人们在安全生产活动中的方法论。事故是由隐患转化为危险，再由危险转化而成。因此，隐患是事故的源头，危险是隐患转化为事故过程中的一种状态。要避免事故，就要控制这种"转化"，严格说，是控制转化的条件。事物有一个普遍的发展规律，那就是事故形成的初始阶段力量小，发展速度慢，这个时候消灭该事物所花费的精力最少，成本最低。科学研究表明：正常情况下，预防性安全投入与事故整改的投入效果是1∶5的关系。对于决策工作的劳动量来说，事前考虑与事后处理所花费精力是1∶10的关系，而预防性投入与运行投入效果是1∶1000的关系。根据这个规律，事前的预防及防范方法优于事后被动的救灾方法，消除事故的最好办法就是消除隐患，控制隐患转化为事故的条件，把事故消灭在萌芽状态。因此，"预防为主"是保证安全最明智、最根本、最重要的安全哲学方法论。

"墨菲法则"认为，出现的风险都是你想不到的，想到的一般不会发生。并指出为了预防事故，预防意外，就要进行预想，预想越充分，预防就越有效。我们应当通过各种有效的措施和合理的对策，尽最大的努力，从根本上消除事故隐患，消除自然对人的反作用力。把事故发生降低到最低限度。"预防为主"的科学安全观要求采用现代管理方法，把纵向单因素管理变为横向多因素管理，变事后管理为预先分析，变事故处理为隐患管理，变管理对象为管理动力，变静态被动管理为动态主动管理，变"要我安全"为"我要安全"，变事后惩处为事前教育，实现企业和人员的本质安全化。

4-30 什么是安全教育的优先观?

许多资料显示,由于人的不安全行为导致的事故占事故总数的80%以上。美国安全工程师海因里希经过大量研究,认为安全事故存在着88:10:2的规律,即100起安全事故中,有88起纯属人为,有10起是人的不安全行为和物的不安全状态造成的,只有2起所谓的"天灾"是难以预防的。由此可见,要控制事故的发生,控制人的不安全行为是关键。尽管人的不安全行为是由许多因素造成的,但就其个体来说,安全意识、知识和技能起着十分重要的作用。正确的安全意识、知识和技能不是与生俱来的,而是从实践中获得和学习中得到的。然而,人们的实践活动是十分有限的,而且并非每一项知识和技能都能够进行实践。这就要通过实施正确的安全培训和提供适应的信息,使人们掌握和具备相应的意识、知识和技能。安全教育是实现安全生产和生活的前提,应该将安全教育摆在一切工作的前列,优先考虑。

4-31 什么是安全管理的基础观?

搞好安全管理是防止事故的根本对策。管理缺陷是发生事故的深层次的原因,据统计,80%的事故与安全管理缺陷有关。因此要从根本上防止事故,就要从加强安全管理抓起,不断改进安全技术管理,提高安全管理水平。搞好安全管理是全面落实安全生产方针的基本保证。落实"安全第一,预防为主"的安全生产方针,需要加大对危险源的辨识、评价和控制,提高对各种灾害的控制水平,创造本质安全化的生产条件和生活环境。需要企业责任人有高度的责任感和自觉性,需要员工有较强的安全意识,自觉遵守安全法律法规,努力提高自我保护能力和安全技术水平。这些只有靠完善安全管理体系,运用安全管理手段才能得到落实。搞好安全管理是安全技术发挥作用的基础。安全技术对于改善劳动条件,实现本质安全具有重要的作用,但安全技术的作用不能自动实现。只有通过精心的计划、组织、协调、实施、检查等一系列行之有效的安全管理活动才能发挥有效的作用。企业通过采用现代化的管理模式,形成一种安全生产的自我约束机制,从而达到预防为主、持续改进的良好状态,达到保护员工安全与健康的目的,也有利于增强组织的凝聚力和竞争力,在公众中树立企业的良好形象。安全管理对企业的其他管理提出了更高的要求,进而推动企业的其他管理。因此,安全管理是一切管理的基础,科学、先进的安全管理体系将会促使企业生产发展和经济效益的提高,给社会经济发展创造无法估量的价值。

4-32 什么是意识?

意识是人借助于中枢神经系统对客观存在感性和理性的反映形式和同这些形式相联系的情感与意志活动。意识包括感觉、知觉、思维这三种认识活动。

4-33 意识具有什么性质?

意识一方面是对外在客观环境的人与物,通过感觉、知觉、表象等的反映,经过辨别、加工和提炼,进行认知、评价和结果决断,这种反映依赖于真实的客观事物,因而具有直接性;另一方面是在认知、评价和结果决断的基础上,通过概念、判断、推理等关于事物本质和内部联系的反映. 对大量感性材料进行抽象、概括，决定个人的行为，并进行适当的心理调节，以保障人身安全，这种反映形式具有间接性。

4 – 34　意识会对行为产生什么影响？

意识大多是一种本能的反应。意识决定于物质，且在人类认识世界和改造世界过程中表现出巨大的能动作用。人类对待每一事物都是在意识的指导下形成活动目标与动机，从而制订出实现目标的计划、方案，然后加以实施。有什么样的意识就会产生什么样的行为，因为行为是由意识来支配的。

4 – 35　什么是安全意识？

所谓安全意识，是人们对生产、生活中所有可能伤害自己或他人的客观事物的警觉和戒备的心理状态，是以人、物（自然物或人造物）、环境三要素的安全状态以及三者之间的关系为客观对象的主观反映。其核心是人们对安全的认识程度和认识水平以及在实践中不断调整自身活动和行动以达到安全的自觉性。

4 – 36　安全意识包括哪些形式？

安全意识的形式包括自我观察、自我评价、自我体验、自我监督、自我教育、自我支配和自我控制等，从而形成自觉能动性的行为表现方式，这种行为表现方式就是安全意识的展现。

4 – 37　安全意识有哪些职能？

安全意识的职能为：

（1）通过感觉、学习、思维、联系等对现实的认识方面的心理过程，对外在客观事物的安全状态进行反映。

（2）对人的动作行为进行决策和控制，使自己或他人免受伤害。

安全意识是引导人们科学地认识和解决安全问题的根本途径。从安全意识的研究着手，针对各种事故和灾害的个案进行分析，找出人的安全意识的不足，从而找出强化和提高人们安全意识的方法与手段，达到保护人身心安全与健康的目的。

4 – 38　安全意识会对安全生产产生什么积极影响？

安全意识不会与生俱来，它是社会生产力水平和人们生活达到一定阶段的产物。安全意识又对安全实践中的客观存在具有巨大的能动作用。人们从各种生产、生活以及学习实践中所获取的安全知识和从各种事故中所得到的教训融为一体，并在人们脑海里产生正确的安全思想、观念，而且用这些正确的思想、观念和理论为指导，进一步进行安全实践活动，把这些思想、观念变成现实，实现"要我安全"为"我要安全"的飞跃，实现安全生产和生活。

只有当人的最低生活得到保障，对安全的需要才会随之产生，安全意识才会有存在的物质基础。回顾人类历史发展的轨迹，可以发现这样一个问题，即人类对安全的渴求从来没有停止过，但在每一个不同的历史发展时期，对安全渴求的内容和标准却是不同的，随着社会发展和科技进步，物质财富日益丰富，人们的安全意识随之而增强。安全意识是人对自身安全与健康在社会活动中的客观存在的反映。它包括了人在安全方面的所有意识要素和观念形态以及人类社会的全部精神文化及其过程。先进的安全意识是可以预见危险，给人以警示。安全意识的发展在每一个时期，都同它以前的成果有着优化继承关系。安全意识是人类共有的优秀成果，它对客观状态有能动性和推动作用，它作为一种精神力，对个人、群体及社会都会产生影响，如果安全意识高、风险意识和危机意识超前，对未来发展中的危害有预见性，则能大大减少伤害，减少和控制事故。救命法则就是一种安全意识，要结合风险变化情况适时修订。救命法则是被员工认同的零伤害管理底线，也是每一位员工对零伤害的承诺。要求员工一进入工厂大门，就严格遵守救命法则。如果员工违反救命法则，有可能危害自己或他人的安全和健康。如某厂矿员工救命法则"我绝不教他做危及生命的事；绝不拆除或绕过安全防护设施；绝不将自己置于悬吊载荷下工作；绝不做不合规的事，绝不冒险蛮干；未经批准绝不进入危险区作业"。

4-39 什么是安全意识的结构？

安全意识的结构是指意识内部的各种成分及其相互关系。

4-40 安全意识的结构由哪些方面组成？

安全意识的结构主要是由物质因素、智力因素、精神因素等三个方面组成。

4-41 如何理解安全意识结构要素中的物质基础？

人类具有与自然相适应的自然力，可以以一种现实的、感性的力量同自己的对象发生相互作用。人的物质力量能够适应自然和改造自然，创造出自然界本身不能产生的客观事物。只有包括人在内的一系列客观事物的存在，才是安全意识产生的基础条件，没有物质基础，安全意识就无从谈起，或者说至少是空洞的。也就是说，物质决定意识。

4-42 如何理解安全意识结构要素中的智力因素？

安全知识是安全意识的重要内容和理性部分，是人类所特有的对安全本质和规律的认识。它主要是为改造客观事物的目的和方法而发生作用的。人们只有充分掌握了关于活动对象、手段以及自身的有关安全知识和技能，从安全的感性认识提高到理性认识，才能揭示安全的内在本质和普遍规律，才能根据人的需要、客观的本性及活动手段所提供的可能性恰当地提出实践的目的，并设计实现这一目的的具体途径、方法和步骤。安全意识的增强是在掌握和运用安全知识、技能和经验的实践过程中完成的，同时，安全意识在一定程度上制约着人们获取安全知识、掌握安全技能的速度、程度。人们对安全知识掌握得越彻底，从事活动时注意安全的自觉性就越高。

4-43 如何理解安全意识结构要素中的精神因素？

精神因素包括情感和意志。情感是指人们对安全问题的感受、评价、意愿、欲望等。它表现为对安全的心理体验和心理活动。意志是人类追求安全目标和理性时表现出来的自我控制、毅力、信心和顽强的精神状态。精神因素直接调节控制人的各种活动，对人的行为的开始与停止、安全意识和能力的发挥起着重要的控制和调节作用。比如人们喜欢从事某项工作，就会想方设法地去学习知识、探索规律和总结经验，而当厌烦某项工作时，则千方百计地躲避，就不会主动去学习，更不会去总结和探索了。再如人们在发生事故或灾难时，通过安全意志努力克服消极情绪与困难，保持头脑冷静，理智地支配和控制自己的行为，坚定不移地指向正确的决定。意志和情感是一对孪生姊妹，人们在安全实践中，无论安全目标实现与否，坚定的意志会引起情感体验。在意志的支配下，人的情感可以转化为动力，促使人们去克服困难以实现既定的安全目标。同时人的情感可加强意志，产生强有力的毅力，去实现安全目标。正如马克思说的："激情、热情是使人强烈追求自己的对象的本质力量。"

4-44 安全意识结构中的物质基础、智力因素和精神因素之间有什么关系？

在安全意识结构中，物质基础、智力因素、精神因素各自具有特定的内容和特性。同时，它们相互联系、相互作用、缺一不可。智力因素和精神因素都是存在于一定的物质基础之上的，并受到物质基础的制约。同时，智力与精神因素又反过来使物质基础得到进一步的发展和运用，进而使自身在物质基础上再次得到发展和提高。与此同时，智力因素和精神因素也相互促进和制约，使人的安全意识和能力得到最好的发挥。

4-45 安全意识有哪些特点？

安全意识的特点包括：安全意识的自觉性、安全意识的指向性、安全意识的目的性和计划性、安全意识的能动性、安全意识的制约性、安全意识的可塑性和安全意识的层次性。

4-46 什么是安全意识的自觉性？

安全意识的自觉性是指人需要自觉地、主动地反映安全这一客观存在。一方面它是指人类对自己的思想行为是能够"意识到"的，自知自觉的；另一方面是指意识体现出行为目的的计划性。它使人类具有自控能力，即能主动地调节自己的心理活动和行为。从意识的自觉程度，安全意识可分为潜意识和显意识。潜意识是一种潜藏于人的思维深处，未被唤起或不自觉反映的意识，是一种未被意识到的意识，因而也被称为无意识。人的许多不随意行为是由潜意识自发控制的。显意识是人们自觉认识到并有一定目的控制的意识。有意识的反映是人脑反映现实的高级和主要的思维形式。潜意识和显意识在一定条件下可以相互转化。潜意识可以通过别人的提醒、教育、训练等方式让人意识到，进而转化为显意识，使人朝着自身既定的安全目标采取行动，达到安全的目的。同时，显意识通过不断的强化，使人产生自觉的行动，达到快速的条件反射，使行为习惯化，这更是安全意识的核心内容。

4-47 什么是安全意识的指向性？

安全意识是有其对象的。当人的安全意识指向某一事物时，全部注意力可能都集中在这个事物之上，而对别的事物变化毫无察觉。但人可以通过注意力转移来使安全意识指向另一事物，也可以通过别人的提醒或其他形式的提醒来转移所指向的事物对象。

4－48 什么是安全意识的目的性和计划性？

人们在反映客观对象时，总是基于实践的需要，带有一定的主观倾向和要求，抱有一定的动机和目的，具有一定的价值倾向。在行动开始之前人们就根据已经掌握的安全知识和经验，通过合理的推理，预测事物未来发展方向和变化趋势，预言未来事实。人的预见性越强，表明安全意识的发展水平越高。安全意识的预见性不仅基于经验和借鉴，而且基于对安全的高度认识。

4－49 什么是安全意识的能动性？

安全意识的能动性表现在以下两个方面：

（1）安全意识不仅能够以感性的形式反映客观世界的现象与外部联系，而且还可以以理性思维的方式反映客观世界的本质和事物之间内在规律和联系，形成科学理论体系和观念系统。

（2）安全意识能够根据对事物本质和规律的反映，在头脑中产生概念、思想、计划，调节和支配自己的行动，并且组织和协调人们的各种安全实践活动，从而达到安全的目的。

4－50 什么是安全意识的制约性？

安全意识的产生是有条件的，人的安全意识受到个体自身生理和心理条件的影响。对于同一对象或同一客观过程，不同的安全主体反映的角度、速度、程度等各有区别。同时，人的安全意识还受一定社会历史条件和社会环境的影响，不同的历史时期或环境下所形成的安全意识是不同的。

4－51 什么是安全意识的可塑性？

人的安全意识不是天生的，是在先天的基础上经过后天的安全生产、生活实践、环境影响和安全教育而逐步形成的。在人们不断的安全生产和生活的实践中，接受宣传、教育以及亲身经历事故教训等，促使安全意识不断地丰富和提高。因而人们可以利用宣传教育等各种手段和途径来造就安全文化的氛围，强化人们的安全意识，提高安全文化的素质。

4－52 什么是安全意识的层次性？

安全意识的层次是与人们的经济水平相适应的，处于不同经济发展水平和不同生活质量中的人们对安全的需要和安全意识也各不相同，人们在生活质量的层次性与在安全意识上所表现的出来的层次性是相对应的。在一些贫穷地区，由于生产力水平低下，人们首先面临的是生存危机，此时人们的安全意识相当淡漠，安全需要对他们来说是一种奢侈品。在一些生产力水平较为发达的地区，人们在解决了衣食住行后，安全才会逐渐成为他们的一种需要，才会相应地拿出部分人力、财力来解决部分安全问题。在一些生产力比较发达、物质产品较为丰富的地区，高层次的安全需求就会成为他们追求的第一目标。

4－53 安全意识分为哪几个层次？

安全意识由低到高分为四个层次：

（1）生存意识。这是人类求生的本能，在这种本能驱使下，在遇到显见的危险时，人们可本能地躲避而免受伤害。但这种本能是非常单纯的。

（2）归属意识。这是一种基本的集体意识，认为要保证自身安全，避免伤害，遵守安全规范是必要的。

（3）利益共同意识。在这个层次的人们，不仅对组织有归属感，而且与组织形成同舟共济的利益共同意识，能够主动关心组织安全目标、参与安全管理、维护安全设施设备等。

（4）安全文化意识。在这个层次的人们，不仅与组织形成利益共同体，而且形成感情共同体，把个人的安全、成就、发展与企业安全、成就与发展紧密结合，形成统一体，与企业一起推动安全的良性发展。

安全意识的四个层次是随着现有经济水平与现有教育水平，由易到难，由低向高发展的。

4－54 如何理解安全意识的活动过程？

安全意识具有活动过程。人的安全意识的作用机制，与物质基础、智力因素、精神因素相对应，具体表现为反应能力、意向能力和控制能力。物质提供了反应的条件，知识是形成意向的材料，意向参与决策的制定；精神为控制提供动力，并通过驱动人的活动产生新的知识和意向的发展。安全意识的强弱、高低主要是通过反应能力—意向能力—控制能力的方向，从意识向外转化延伸，对客观事物产生作用的。人的安全意识的高低取决于人的安全需要和对危险因素的认知能力。过低的安全需要则表现为拿生命当儿戏，危险认知能力的缺乏则表现为冒险蛮干而不知其危险的存在。人的安全意识活动非常复杂，是一个持续不断、循环往复、不断深化的过程。对安全而言，没有"意识"，肯定是隐患和事故的温床，无数事实表明对危险的漠视和对安全的"无意识"，是事故的罪魁祸首。

4－55 安全意识的活动过程包括哪些内容？

安全意识的活动过程包括以下几个方面。

（1）意识向认识转换。

1）个人运用感觉、知觉等技能，对所处的潜在危险状态进行感知，这种感知是建立在人的本能基础上的。而每个人的本能却是由深厚的知识与经验积累而成的，一个具有专门知识和长期经验的人对危险状态的感知是不一样的，有的可能对潜在的危险能够及时察觉，有的就不可能及时察觉。另外，由于人的感觉、知觉等资源是有限的，在某一活动上分配的安全意识资源量多一点，相应的在其他活动上分配的安全意识资源量就少一点。如果安全意识资源分配不当可能造成知觉、认知等活动障碍而发生事故，此时如果有安全保障条件存在，就有可能使不安全行为终止或不产生效果。

2）运用经验、学习、记忆和智慧等能力，对危险状态进行思考、辨别、判断，进而形成感性认识，完成"意识"到"认识"的转换。认识是对危险的性质、类型、程度以及演变过程等进行充分的评价，这种评价同样依赖于知识和经验的积累。如果评价符合客观的变化规律，则会有效指导安全决策，避免事故发生；如果不符合变化规律，则有可能误导安全决策，从而导致事故发生。

（2）以认识主导决策。对安全而言，仅仅"认识"还不够，还需将认识的结果付诸决策。根据已有的知识、经验以及所处环境的条件，根据个性、动机和风险倾向做出是否采取避免措施或采取何种相应措施的决策。决策的正确与否，直接决定危险状态的发展趋势。如果"否"，则会导致不安全行为出现，致使事故发生；如果"是"，则有可能产生安全行为，无不可预测事件发生，不会出现事故。人的安全意识活动的每一个环节都将影响决断、决策的正确性和人的行为结果，稍有疏忽，就有可能导致不安全行为的出现，致使事故发生。

（3）将决策付诸行动。有了决策，还要将决策转变为行动。因为安全的终端表现指标是无隐患、无事故的，而影响这一指标的是人的行为。要使决策真正体现在行动中，达到预想的目的，不仅需要决策符合客观条件，而且要满足人的生理、安全意识等条件。人的生理条件是行动的前提，没有符合要求的生理条件，决策就会落空。安全意识对人的行为安全具有决定作用，而对不安全行为，如冒险行为具有抑制作用。

4-56　如何强化员工的安全意识？

为强化员工的安全意识，可以采取以下措施：

（1）安全教育。人的安全意识有可塑性，通过教育可以得到强化。安全教育带有一定的强制性，是强制地向人脑输入安全信息。可以在较短的时间内，使人们获得较多的安全知识，加深安全认识，提高安全意识和素质。安全意识教育一般通过端正安全态度，树立安全风气，养成安全习惯，自主安全管理等方法来实现。

（2）安全法律。由于每个人的安全实践和社会地位不同，安全意识有较大差异，其水平也参差不齐，必须有安全法律的约束和规范，才能形成有序的社会安全意识。安全意识的渗透离不开安全法规的执行和防范措施的落实。安全法规是一种外在的约束机制，规定人们在安全生产和生活中应该做什么，不应该做什么，成为人们遵守的安全行为准则，从而强化人的安全意识，使之内化为自身的一种自觉行动，形成一定的安全法制观念，从而协调人们之间安全生产和生活中发生的关系，使人们的安全行为更符合社会安全规范。

（3）安全道德。安全法律是人们在生产和生活中必须遵循的基本行为准则，要达到自觉的安全意识和行为，还需要用安全道德来规范人们的安全行为。安全道德是人的安全素养的重要方面，安全道德是指人们在生产和生活过程中，不仅具有维护自身安全的行为准则，而且具有维护国家和他人安全和利益的行为准则及规范。社会安全道德启发人们的安全意识，引导有益于安全的行为趋向，使安全意识与行为成为社会规范的一个内容。它是靠社会舆论和环境氛围以及人们的内心情感的力量而建立和维持的。安全道德是一种内在的自我约束机制，是安全法律的必要而有力的补充。它促使人们具有安全责任感，遵守安全生产的规章制度，尊重他人的安全权利。人们如果具备了安全道德观，并把它变成日常的习惯，就如同每天必须穿衣吃饭那样必须做的事情，就能够杜绝不安全行为，有效预防事故。

4-57 为什么要建设心态安全文化？

心态安全文化是安全文化建设的基础和前提，是精神层次的文化，是人本思想的具体体现。从本质上说，它是人的思想、情绪和意志在安全方面的综合表现，是人们对客观世界和自身内心世界的认识能力与辨识能力在安全方面的综合体现。安全意识来源于人们安全生产经验和安全管理科学知识相结合的实践，又反过来支配安全生产的复杂心理过程。在遇到重大的灾害性事件时，个体通常会出现恐惧、紧张、惊慌等负面情绪反应，产生退缩和逃避等行为冲动，这些反应是生物有机体在历史进化过程中建立起来的生存预警和保护机制，是一种本能的反应，目的在于促使个体采取适当的行为措施来避免并抗击外界对生命的威胁。但是负面情绪反应如果不能及时进行控制而任其发展下去，再加上群体成员间的相互激发，极有可能造成比实际损失大得多的人为损失，"人祸"就会大过"天灾"。面对灾害事件，人们应该具有对自己心理进行调适的能力，而这种能力需要有一个良好的心态才能实现。

4-58 如何建设心态安全文化？

建设心态安全文化，就是要加强心理训练，提高安全意识和安全思维，使其具有良好的心理健康状态和自我调节能力，消除不必要的心理压力，树立稳定而乐观的工作态度，在任何状态下，都能做到不恐惧、不慌乱、不忧虑、不急躁，始终保持最佳的状态。只有心态安全，才有安全意识；只有安全意识，才有安全观念；只有安全观念，才有安全行为。

4-59 心态安全分为哪几个层次？

从个体安全防护的意识层次上分析，心态安全大致可归纳为四个层次，即超前、间接、应急以及事后的安全保护意识。

4-60 超前安全保护意识主要体现在哪些方面？

超前安全保护意识是一种保护生命不可缺少的自觉行为，也是一种精神和思维。随着人们经验的积累，安全技术和安全文化的不断提高，自我安全保护意识也在不断地增强。有了较高的自我安全保护意识后，才能使"三不伤害"成为可能。超前安全保护意识主要体现在由于安全管理的缺陷造成人的态度、情感等变化而可能发生不安全行为或物的安全状态发生时，能够对这种未来的变化有所警觉、意会和及时纠正以及有效控制。这种警觉、意会和及时纠正以及有效控制措施是建立在人们思考、分析和探索基础上的，是生产实践上升为理论阶段，继而指导实践的过程和结果。例如，乘飞机就能主动系上安全带，进高楼就下意识地注意到安全通道，则表现了较高安全文化水准。如果了解掌握了更多的安全科技知识，那么在进行工作或生活时，都会比较主动地增强安全意识，常常做到未雨绸缪。自我安全保护意识主要来自于认真学习和执行各项法律法规、安全规程制度，主动进行安全学习和接受安全教育，自觉成为安全工作的有心人和明白人，主动服从安全指导和管理，遵守和执行各项安全规程、制度，有目的地去预防、躲避存在的危险点，从而保护自己。

4－61　间接安全保护意识主要体现在哪些方面？

间接安全保护意识主要体现在：当危险因素以隐形方式出现以及间接的和慢性的伤害出现时，能够及时辨识、认知和采取预防措施，这种措施包括防护、隔离和消除及脱离等。这些措施是人们对客观规律认识基础上的主观能动性的表现，而这种主观能动性是长期的工作和生活经历以及经过安全教育和培训逐步形成的。经过学习掌握了灾害事故应急方法和技巧，就可以在遇到事故后临危不乱，逃生有术。

4－62　应急安全保护意识主要体现在哪些方面？

应急是出乎意料的紧急情况所引起的高度紧张的情绪状态。在突如其来的或十分危险的情况下，必须迅速而毫无选择余地决策时，就会出现应急状态。应急状态下的安全保护意识主要体现在：当事故以显现的方式出现时，能对这种直接的危害迅速察觉征兆，准确判断事故的性质、类别、危害程度和采取断然措施。这种措施包括在当时当地条件下能否立即遏制或消除事故，如果能够消除事故，则采取恰当方法立即遏制或消除；如果不能，则立即选择正确途径和方法脱离事故区域。这种措施是人自发的、本能的、快速的反应。这种反应的速度和反应正确与否与心理稳定状态、安全技术素质以及工作和生活经历有直接关系。一般来说，人们在紧急情况下，应急安全保护的意识是普遍存在的。但是，其反应的速度和采取的措施是有很大差别的，许多事故调查结果表明，当事故发生之初，如果迅速采取措施是可以消除和不至于造成大事故的，即便事故发生时，大多数情况下，人们有可能通过适当的途径和方法脱离危险，关键是当事人的心态不稳定，在短暂的时间中，其思维、行动、语言等将完全失控，本来可以采取的措施一时手忙脚乱，惊慌失措，行为紊乱，造成事故的扩大。因此，要使人们懂得，当面对惊慌失措的人群时，要保持自己情绪稳定、头脑清醒、反应快速、动作灵活，不要被别人的情绪感染，惊慌只会使情况更糟。在事故已发生时，迅速、果断地采取有效措施，控制事态的发展，要听从指挥人员口令。同时发扬团队精神，依赖团队的分工合作，采取有效的自救和互救措施。组织纪律性在灾难面前非常重要。心理镇静是个人逃生的前提，服从大局是集体逃生的关键，在无法逃脱的情况下，应及时联系外援，寻求帮助和静心等待是安全保护的最好手段。

4－63　灾后安全保护意识主要体现在哪些方面？

灾后安全保护意识主要体现在以下几个方面：

（1）坦然面对和承认自己的心理感受，不必刻意强迫自己抵制或否认在面对灾害时可能产生的害怕、担忧、惊慌及无助等心理状况，避免进一步造成对困难的害怕，对紧张的恐惧，对自己已经出现的消极情绪和行为不要有过多的内疚，对他人的消极情绪和行为也要给予一定的理解。

（2）启动科学的心理调节措施，进行一些能让自己放松的良好习惯或活动，比如，听音乐、看小说、写日记、收拾家务等让自己感兴趣的一些小事情，在日常生产和生活中最好避免让自己处于无所事事的状态，也要避免所有的行为活动和话题都围绕灾害。

（3）注意个人行为的社会效应，在言行方面应该更加慎重，尽可能考虑一下个人的行为对社会的影响，以免在无意之中助长和推动不良行为和风气，这是个体经历特殊考验走向成熟的一次锻炼机会,是社会责任感的基本体现。

(4)要对自己、对家人、对朋友、对社会、对政府充满信心和信任,与此同时用自己的信心去鼓励和激发自己的亲人、朋友和其他社会人士,在全社会汇聚形成一股积极乐观的精神力量。多多问候亲人、朋友和同事,情感支持会对缓解紧张、焦虑和抑郁非常有效。主动投入到社会公益事业中去会获得巨大的情感满足。

4-64 安全心理培训有什么意义?

我们常常提出希望通过培训来提高人们的安全素质,但往往强调的是思想素质、技术素质和身体素质,而忽视了他们的心理素质。虽然思想素质、技术素质、身体素质不可少,但它们都要受心理素质的制约。因此必须要以心理素质作为共同基础,开展好安全心理培训。

4-65 如何进行安全心理培训?

进行安全心理培训,就是要运用心理学这个手段,如心态替代训练、誓言激励训练、建立自信训练、角色假定训练和目标视觉化训练等,使人们建立安全心理模型,形成安全心理定式,提高安全心理容量,从而使人们在社会生产和生活中能够根据客观情况的变化做出适应性的反应,提高自我控制能力,用安全心理指导安全行为,达到安全的目的。通过安全心理培训,要建立自我调节机制。人的精神状态与工作效率成正比,但与安全状态呈非线性关系。精神状态的高潮期和低潮期都是情绪的不稳定区,是事故的多发期。因此,个人要加强自我修养,学会自我调节。在遇到欣喜之事时,要告诫自己保持冷静、淡然的心态,记取"乐极生悲"的教训;在遇到悲伤之事时,要提醒自己保持理智、镇定的情绪,防止"祸不单行";精神欠佳时,要善于释放压力,自我解脱,调节紧张状态。通过这种调节,就会使人的精神无论在顺境还是在逆境,都能基本保持常态,使人的注意力能够时刻集中在周围环境和事物的发展变化上,从而使人的行为不会出现反常或对环境及事物的变化作出合理的反应,人的情绪与工作效率、安全的关系如图4-1所示。

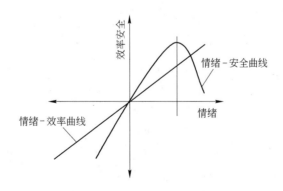

图4-1 情绪与工作效率、安全的关系图

4-66 企业管理中应避免哪些消极安全心理?

企业管理中应避免的常见消极安全心理主要有以下几种类型:

(1)利益型;

（2）应付型；

（3）随意型；

（4）麻痹型；

（5）无知型。

4-67 什么是企业管理中的利益型消极安全心理？

一些企业负责人缺乏企业发展战略思维，力图搞轰动效应，为自己制造政绩和荣誉，实施短期行为，不顾企业实际，急于扩大生产规模，或者为了单纯追求经济效益，追求利益最大化，特别是在市场需求旺盛的情况下，更易盲目冒险扩大生产，产生乘机捞一把的思想；有的甚至利欲熏心，发展为只顾生产赚钱，不顾生命健康，视员工生命为草芥的疯狂敛财行为，从而造成安全工作的被动。前者主要发生在国有企业的管理人员中，后者主要发生在个体私营企业的老板中。

4-68 什么是企业管理中的应付型消极安全心理？

一些企业负责人缺乏安全工作"常抓不懈"的恒心，在安全工作上表现为忽冷忽热，遇到上级检查，或遇到事故发生，则不得不应付一阵子，开会、发文件、贴标语、投稿件，大轰大嗡地热闹一番，蜻蜓点水地了解一番，走马观花地检查一番，舍不得认认真真去解决一些实际问题，舍不得扎扎实实落实一些具体措施，待一阵风过后，偃旗息鼓，不闻不问，束之高阁。这样的企业，安全基础薄弱，安全意识淡薄，安全生产方面最易产生走过场、摆花架子，作表面文章，搞形式主义，无法保证安全生产，对于事故的应急能力更差，一旦发生事故，就会惊慌失措，事故的扩大在所难免。

4-69 什么是企业管理中的随意型消极安全心理？

这类企业负责人缺乏责任心，在安全工作上敷衍了事，不讲科学性、合理性，对安全想当然，不了解实际、意识淡薄、知识缺乏。

4-70 什么是企业管理中的麻痹型消极安全心理？

这类企业负责人对安全认识模糊，对安全工作漠然置之，他们认为对于安全的一切工作是可有可无的，甚至是多此一举，对事故危害的强调是故弄玄虚、耸人听闻。对于其他企业的事故，毫无警觉，认为别的企业发生事故，我的企业未必发生；即便在本企业发生事故，也侥幸地认为，这次发生事故，下次再不会轮到我了，甚至把是否发生事故看作为运气，强调事故的偶然性，忽视事故的必然性。更有甚者，认为即使发生事故也没有什么大不了的，反正直接责任者不是我，因而对安全工作采取"马虎、凑合、不在乎"的态度。也有的企业负责人有过基层工作的"经验"，以为自己经验丰富，不按规程干事，也不会出事，从而盲目行动。

4-71 什么是企业管理中的无知型消极安全心理？

这类企业负责人既不懂得安全技术知识，也不懂得安全管理知识；既不能发现安全问题，也不能解决安全问题。找不到安全工作的立足点，抓不住安全工作的切入点，安全工作放任自流。

4-72 为什么要重视企业安全宣传？

宣传包括在广义的教育之中，宣传的目的在于教育。就安全文化宣传而言，直接的目的在于使人保持对安全的关心。企业的安全文化宣传首先要争取决策层对安全问题的重视和兴趣，得到各级管理者的配合与支持，并由他们亲自主持开展宣传活动，以增进普通员工对安全问题的理解和兴趣。如果企业安全生产活动仅靠少数安全专业人员去奔忙，就容易使员工感到安全之事是安全员的事，与己无关，在感性认识上把专业人员对安全的关心拒之门外，不利于形成企业的安全文化氛围。安全文化宣传的教育功能在于培养员工和管理人员对安全的积极态度。态度表现于行动，就是习惯问题，并非知识与学问问题。习惯问题具有非智力性。如果一个人有着良好的安全习惯，即使不懂安全的具体要求及操作技能，他也可以主动地去学习。有了知识技能，有了安全的积极态度，并形成习惯，这是最有利于安全生产的。安全宣传的这些作用并不是所有决策者和安全管理人员都明白的。因为宣传尽管可以培养工人正确的操作习惯和工作态度，但它并不能改变安全的客观条件，要改变安全的客观条件仍离不开工程与技术，所以，宣传往往受到忽视。

另外，即使宣传的作用使工人有了安全习惯，可有了安全习惯的员工，常常会在有可能导致不安全的客观条件出现时要求停止作业，然而企业决策层和管理层又会从不影响生产的角度，要求继续作业，这时就会发生要安全还是要生产的矛盾。事实上，企业普遍存在这类矛盾，隐患虽已出现，事故并没发生，不少经营者就产生侥幸心理。而且发生事故的原因又是复杂多变的，很多隐患是很难说准何时转化为事故。所以，侥幸总是存在的，因侥幸而导致的"违章指挥"和"违章操作"就在所难免，这也是近年来80%以上的事故原因是"三违"的症结之一。

4-73 企业安全宣传有哪些具体形式？

安全文化宣传教育工作是一门新的艺术。艺术就要掌握方式和方法，就要如春风化雨，给人以甘之如饴的精神享受。安全文化宣传教育要严格围绕安全管理、思想认识、行为管理、技术培训、影响带动、人物激励等各方面入手，做到丰富多彩，方法创新。要将安全文化融于员工心，就要把企业提炼的安全文化理念进行广泛持久的宣传教育，使其深入人心，促使全体员工对安全和安全文化有高度的认识、全面的理解和认同；要将安全文化融于员工眼，就要处处有醒目的安全文化标语、口号、标牌和安全报警标志；要将安全文化融于员工内心，就要使安全文化理念朗朗上口，安全文化人人讲，安全教育、培训、宣传常规化；要将安全文化融于员工手，就要使企业所有人员树立安全事故是可以预防的、安全是可以控制的理念，做到《安全文化手册》人人有，操作规程握在手。安全事故应急预案握在手，能随时启动；要将安全文化融于行，就要领导先行、率先垂范，全员参与安全文化建设，体现出安全文化理念的各项管理制度、规范、规程得以执行，人人讲安全的话，人人做安全的事，把隐患消灭在萌芽状态。通过先进人物的带动、辐射与激励、事故案例的警示与教训、安全监督的网络化，提升员工安全文化意识。企业安全文化宣传的具体方式如下：

（1）案例通报，警钟长鸣；

（2）安全标语，作用重大；

（3）宣传画廊，效果明显；

（4）报刊专柜，不可忽视；

（5）影视宣传，直观逼真；

（6）实地参观，功效显著；

（7）知识讲座，突出重点；

（8）知识竞赛，寓教于乐；

（9）安全演习，重中之重；

（10）现场教育，立竿见影。

4－74 如何通过案例通报进行企业安全文化宣传？

当今的新闻资讯业已经相当发达，各地发生的大小安全事故，新闻媒体都会很快予以报道，尤其是重、特大安全事故，各地新闻媒体更有深入详尽的报道和分析。而各省、市和国家有关部门也会定期公布安全事故统计数据。这些新闻，特别是同类型企业发生的生产安全事故，企业应及时收集信息并定期向员工通报，对员工的安全观念能起到警示作用，同时有助于防止同类事故在本企业发生，其资料保留下来，今后也很有利用价值。资料可以通过剪报的形式收集，也可以在互联网上以"安全"或"事故"进行新闻搜索或进入安全类别的网站下载需要的资料。

4－75 如何通过安全标语进行企业安全文化宣传？

安全标语是我国多年来沿用的低成本的安全宣传形式。安全标语简明扼要、针对性强，但视觉和色彩都比较单调，宣传方式也比较陈旧，这就要求在文字上一定要下工夫，要有创新且通俗易懂，只有读起来朗朗上口，才容易让人记在心上，从而达到较好的宣传效果。安全标语可用固定的形式写在墙体上，起到长期警示的作用；也可以用大红横幅的形式挂在马路上、建筑墙体外、企业入口处等，针对某时期的安全事故特性提出警示。

4－76 如何通过宣传画廊进行企业安全文化宣传？

企业可以利用大堂、走廊、食堂、室外墙报栏等位置，设立固定式安全宣传画廊进行安全宣传。在画廊上运用照片、绘画、书法和文字等各种形式宣传安全法规、安全经验、事故教训等内容。这种形式，图文并茂，形式活泼，费用不高，时效性长，大小单位都可以采用。较为大型的企业，也可以把安全宣传画廊做成流动式的，将照片、绘画、资料等贴在宣传板上，这些宣传板可以根据需要移动位置，使覆盖面更为广泛。安全宣传画廊应尽量多使用图片，要注重版面的布局和色彩设计，以吸引企业员工的注意。文字内容则应实用、生动、简洁，题目能吸引人，使员工看后能留下较为深刻的记忆，这样才能达到宣传效果。随着科技的发展，有能力的企业可以运用一些虚拟技术，通过声、像的渲染达到宣传的目的。

4－77 如何通过报刊专柜进行企业安全文化宣传？

安全宣传教育对于企业员工来说实际上就是一个学习安全知识、熟悉安全法规的过程。企业应该为员工提供一个随时学习、查阅知识、数据和有关法规等资料的场所。很多企业都有图书室（或称阅览室），可以在图书室内设置一个安全专柜，满足员工的这一需要。安全专柜内可放置如下资料：安全类报刊，安全知识类书籍，安全法律法规，与本行业相关的安全生产技术规范、标准和有关数据，安全案例分析或调查等。安全专柜的书报刊来源，一方面可在规模较大的书店购买；另一方面也可以通过当地安全宣传教育部门提供的渠道购买或订阅。

4-78 如何通过影视宣传进行企业安全文化宣传？

电影、电视是当今最为群众喜爱的传播媒体，通过电影电视媒体进行安全宣传教育，有着画面生动、直观逼真、故事性强、安全知识技能易于学习模仿等其他媒体难以比拟的优势。因此，企业可以充分利用电影、电视对员工进行安全宣传教育。比如，组织员工观看安全题材的电影，收看电视专题片，定期在录像系统播放安全题材的录像带、影碟等。目前市面上安全题材的影碟、放映的电影和播放的电视都不是很多，有关的资料可以尝试与安全宣传部门联系购买，也可以留意电视台播放的安全生产栏目，及时录下备用。

4-79 如何通过实地参观进行企业安全文化宣传？

现阶段，有很多安全生产监管部门或者比较大型的企业都设有安全宣传教育和演练的固定场所。比如消防安全部门就设有消防站（队）开展消防宣传教育，内容丰富，设施各有特色，参观者有机会亲身体验灭火、火场逃生和救人的感受，企业的员工还能向消防部队的战士学习各种救援和灭火技能。如企业组织员工到消防站（队）参观学习，可以先与当地消防站（队）预约，以便双方做好充分的准备，使活动更加紧凑和有效。

4-80 如何通过知识讲座进行企业安全文化宣传？

确定题目、分头准备，然后集中演讲，从理论到实践再到经验、教训。另外，动员安全生产先进单位或个人，对重大、特大安全事故，进行深入剖析原因，总结教训。这种实际案例、事例的讲座，有深度、有广度、效果好。安全知识讲座演讲者可以是本企业的安全管理人员，也可以邀请兄弟单位安全管理人员，还可以同有关部门联系，邀请经验丰富的安全专家上台讲座。安全部门或是一些行业安全组织、团体，经常也会举办安全知识培训、讲座，企业可以根据实际情况派员工参加。

4-81 如何通过知识竞赛进行企业安全文化宣传？

安全知识竞赛把安全知识融入具有竞争对抗性的问答游戏之中，场面热烈，员工比较喜爱，参加的积极性高，可以大大增强员工对安全知识的兴趣，不但是一种非常有效的宣传教育形式，而且可以带动安全宣传教育的整体开展。但安全知识竞赛只是一种形式，其目的还是宣传安全知识。切不可只图形式，空热闹一场。竞赛题目应紧密结合本企业的实际需要认真编写，竞赛前应组织员工学习，真正掌握，而不是死记硬背答案。竞赛游戏的形式也不能一成不变，可从目前电视游戏形式"克隆"一些模式。

4-82 如何通过安全演习进行企业安全文化宣传?

安全演习如消防演习是一项测试企业对安全事故应变能力,锻炼员工应对灾难和救援技能的综合性演练。安全演习有一定的难度,是对企业领导和安全工作负责人的组织能力、指挥能力的一个考核,同时也是对日常安全宣传教育成效的一次全面检验和再学习、再教育的极好机会。事实证明,经常举行安全演习的企业,员工在真正发生生产安全事故时的应变能力明显高于没有进行过安全演习的企业。安全演习需要有充分的准备工作和演习前的动员,要求员工以认真严肃的态度参加。还未积累经验时,最好设法邀请相关安全部门如消防部队的官兵参与指挥。

4-83 如何通过现场教育进行企业安全文化宣传?

安全事故教训是用金钱和人的生命换来的,一旦企业发生了较大或典型的安全事故,不但要做好生产经营上的补救工作,及时查找安全管理上的漏洞,还应适时召开安全事故现场会,让每个员工都对整个事件有直接的、全面的了解和认识。安全事故现场会,气氛严肃,参加者亲临现场,感受和记忆深刻,对杜绝同类事故和警惕其他类型安全事故都有强烈的警示作用。举行安全事故现场会,应有权威技术专家在现场分析、讲解事故原因。若是其他同行企业举行大型的安全事故现场会,也可以积极派人员参加。

4-84 安全宣传、安全教育与安全文化之间有什么关系?

历史经验证明:要启发人的思维,树立唯物的观点,掌握科学的方法,塑造符合时代的文明人,最深刻、最有效的途径就是通过文化的弘扬和倡导,通过文化的宣教,启发人、影响人、教育人、塑造人。而提高全员的安全思想、技术能力又必须与安全教育结合起来,最重要的是把提高全民安全文化素质作为宣传与教育的长期战略和重要课题。过去人们常常把安全文化等同于安全宣教活动,这是需要纠正的一种片面观点。安全教育和安全宣传是推进安全文化进步的手段或载体(还包括安全管理和安全科技),是安全文化建设的重要组成部分,当然也是建设安全文化的重要方面,对于丰富安全文化形式,发展安全文化具有非常重要的作用。但是,安全宣传和安全教育并不能体现安全文化的核心内容。安全文化是一个社会在长期生产和生存活动中,凝结起来的一种文化氛围,是人们的安全观念、安全意识、安全态度,是人们对生命安全与健康价值的理解,是人们所认同的安全原则,为人们所接受的生产、生活的安全行为方式。

4-85 为什么要重视安全教育?

安全教育在企业安全文化建设中具有重要的地位。安全宣传教育在营造人的意识,建立和引导人正确的安全观念,提高人们的安全技术素质,了解必要的安全知识,掌握熟练的安全技能等方面,奠定了安全文化建设的基础。人的文化行为一定要靠文化来影响,利用一切宣传和教育的形式传播安全文化,就是充分发挥安全文化环境的作用,达到启发人、教育人、约束人、造就人的目的。社会实践的主体是人,在安全生产中,人的安全意识是第一位的,是安全生产的基础和前提,也是灵魂和核心。只有通过提高人的安全意识,才能建立安全的防范意识,只有提高人的安全技能,才能有效防止危害。因此,在社会生产、生活中，只有对人不断地进行安全教育，才能使人的安全文化意识不断提高，安全精神需求不断发展，使人们建立正确的对安全的认识观念和对安全活动和事物的态度，使人们的行为更加符合社会生活中的安全规范和要求。安全意识的获得必须依赖于安全科技文化知识的宣传和教育，依赖于安全文化的传播和影响，使民众受益于安全文化的熏陶。

人的安全知识依靠教育而获得。人的安全知识、安全思维、安全观念、安全意识、安全行为、安全伦理道德、安全自护技能不是凭空产生的。人从有生命之时起，对安全是一无所知的，通过后天的学习，反复的社会实践才能够掌握一部分安全知识。但这并不是说，作为社会个体的人，每件事情都要自己去实践，而是要通过接受前人的实践结果，这种接受的过程就是教育。对于绝大多数人来讲，人的安全意识主要靠教育、培养，通过政府、社会、企业、家庭对人的安全教化，有目的、有意识、不断地培养和塑造人的安全意识、安全思维、安全行为、安全价值观、安全哲学等，使人对安全知识和技能由无知到局部有知，同时在遭遇各种风险和灾害的实践与抗争中，吸取教训、总结经验、融合提升、优化发展，形成每个人安全活动的行为准则和自我保护的本领。因此，安全教育是建立安全意识、掌握安全知识的主要途径，是传播安全文化的主要方法。

4-86 安全教育有什么作用？

安全教育的作用是巨大的。安全教育承担着传递安全经验和安全知识的任务。文化的传承与发展最主要的是依靠教育，教育不仅对文化有着传输功能，而且还具有放大功能。安全文化也是一样，安全教育把前人的安全经验、认识、思想等传递给更多的社会大众，使得安全文化的精神、思想、认识等被更多的人所接受，从而形成安全文化的氛围。通过安全教育，使更多的人对安全文化的实质进行进一步的挖掘和探索，使得安全文化理论进一步发展，内容更加丰富，范围更加广泛。安全教育使得人的安全文化素质不断提高，安全精神需求不断发展，促进人对安全的认识观念和对安全活动及事物的态度形成和改变，使人的行为更加符合社会生活中的安全规范和要求。因此，安全教育在安全文化建设方面扮演着十分重要的角色。如：

（1）安全教育影响着人们对安全的认识和需求，促使人们进一步的认识安全世界，认识安全的发展规律及其联系，自觉的、有创造性的实现和发展安全的目标，从态度、意识、观念上加强人们对安全的认识。使人们在安全意识上真正从"要我安全"向"我要安全"、"我会安全"、"我能安全"的观念转变，从而达到搞好安全生产和生活，保护自身和他人安全健康的目的。

（2）安全教育还传授安全知识和安全技能，通过安全文化的传播和教育从而提高和完善人的安全素质，学会消灾避难、应急救护的方法。安全科技文化知识和技能是预防和减少意外伤亡事故的"灵丹妙药"，使人们逐步发展为理想的"安全人"。没有教育，社会的安全文化必定是落后的，人的安全素质必定是低下的。只有在安全教育过程中，安全文化才能得到发展，安全氛围才能得以形成，人的安全素质才能得以提高。

（3）安全教育是为普及安全知识，提高人们安全意识，端正安全行为动机，掌握安全操作规程和技能，消除不安全行为的一种必要手段，同时也是对人们进行各种生产安全政策、法律、法规和规章等方面知识的教育。通过安全教育与训练，就能有效地防止人们产生不安全行为，减少人失误或缺点。

（4）安全教育能提高人们搞好安全工作的责任感和自觉性。通过安全教育不仅能增强各级安全管理人员和广大员工对"安全第一，预防为主，综合治理"方针的认识，提高他们对安全工作的责任感，而且能使他们提高自觉遵守各项安全生产规章制度的自觉性，增强他们的安全生产法律法制意识。

（5）安全教育的质量决定着安全文化的质量，没有行之有效的安全教育，就没有良好的安全文化，安全文化建设和发展离不开安全教育。安全教育的效果如何，从某种意义上讲取决于广大职工对安全生产的认识水平，取决于他们的事业心和责任感。所以，安全教育是建设和发展安全文化的重要手段。同时，安全教育能够促使人们去更好地完成社会所赋予的政治、经济、文化方面的任务，促使人的个性发展。通过安全教育塑造安全人，才是抓住了安全的根本。

（6）通过开展经常性安全教育，就能使人们在自身安全方面的不足得到及时弥补，能使员工掌握各种伤害事故发生发展的客观规律，提高安全操作技能并掌握安全检测技术与控制技术的科学知识，减少人为失误，控制自身的不安全行为。

4-87 安全教育包括哪些方面的内容？

安全教育主要包括以下两个方面的内容：
（1）安全态度教育；
（2）安全技能教育。

4-88 为什么要重视员工安全技能教育？

安全生产的根本出路在于安全技术的不断进步。安全技术寓于生产技术之中，安全技术作为一种特殊的意识形态不能直接发挥作用，必须通过与生产工具设施和劳动者相结合才能发挥作用。

（1）安全知识教育。安全知识教育的目的是丰富和加强职工的安全知识，提高职工的安全素质，增强岗位作业的安全可靠性。安全知识教育，不仅对缺乏安全知识的人需要，就是对具有一定安全生产技术知识和经验的人也是完全必要的。知识是无止境的，需要不断地学习和提高，防止片面性和局限性。所以，对具有实际知识和一定经验的、具备一定安全生产技术知识的人，也需要学习，提高他们的安全生产知识，把局部知识、经验上升到理论，使他们的知识更全面。人的安全认识分为一般安全知识和专业安全知识，也可称为安全常识和特种作业安全认识。安全常识是人们在日常生活和工作中普遍达到的和人们在常规情况下必须具有的安全知识，带有许多共性，安全常识是人们参与社会活动和日常生活、生产的基本条件，安全常识的教育从时间上来说，贯穿人的一生，特别是要从幼儿抓起。从教育的组织上说，要由家庭、学校、企业、政府共同承担起责任。从教育的内容上说，不仅要传授知识，更要注重意识形态习惯。专业安全知识是人们从事某一特定工作所需的特殊的、专门的认识，要针对不同行业的特殊要求进行专门的教育。随着社会科技水平的不断发展，新的机器设备、新的原材料、新的技术也不断出现，也需要有与之相适应的安全生产技术，否则就不能满足生产发展的要求。

（2）安全技能教育。知识教育，只解决了"应知"的问题，在生产实践中，员工仅有安全知识并不等于就可以安全可靠地从事操作，还必须有进行安全作业的实践能力。而技能教育，着重解决"应会"，以达到我们通常说的"应知应会"的要求，这种"能力"教育，是安全教育的侧重点。技能与知识不同，知识主要用脑去理解，而技能要通过人体全部感官，并向手及其他器官发出指令，经过复杂的生物控制过程才能达到目的。所以提高安全技能不仅要学习书本知识，更主要靠实际动手训练才能真正掌握，这样就能有效地利用安全技术保证安全生产。安全生产技能是指人们安全完成作业的技巧和能力。它包括作业技能、熟练掌握作业安全装置设施的技能，以及在应急情况下进行妥善处理的技能。安全生产技能教育是指对作业人员所进行的安全作业实践能力的教育。安全技能教育是一个长期的逐步提高的过程，既要以安全的认识作为基础，又要从安全操作实践中不断加深对安全认识的理解，熟悉安全认识的运用，并从理论与实践的结合中逐步掌握操作要领，熟练应用。为了使安全作业的程序形成条件反射地固定下来，必须通过重复相同的操作，才能亲自掌握要领，这就要求安全技能的教育实施主要放在"现场教学"。反复进行实际操作以达到熟练的要求。

4-89　为什么要重视员工安全态度教育？

态度与行为不同，它并不显见于表面。态度是人对客观事物的倾向性，是进行某种动作前的心理准备状态。更具体地说，态度是指人们受到外界的某种刺激后，为了对此作出反应，并考虑和判断应如何动作的心理准备状态。安全态度教育就是要针对这种心理准备因素，即正在进行判断时的状态，指出其判断的错误所在，安全态度的作用是要从人们的头脑中消除那些不正确的判断依据，而灌输新的正确思想，使其重新思考和理解，并改正将要显于表面的错误行动。把那些"虽然知道，不肯执行"的人，教育成"既懂又执行"的人，或者是把那些"不负责任，马马虎虎"性格特征的人，教育成为具有"认真负责，谨慎细心"性格特征的人。

4-90　安全态度教育包括哪些内容？

安全态度教育包括安全思想教育、法律法规教育和安全生产方针政策教育。

（1）安全思想教育。思想是态度的基础，有什么样的思想观点就会表现出什么样的态度，对于安全也是如此，人们对于安全的思想认识决定了人们的态度。安全思想教育启迪人们正确的安全观念，提高人们对安全生产和生活的认识，激发人们搞好安全的积极性，弄清做好安全工作对提高人们生活质量和生存质量的重要性和必要性。在日常生活和工作中正确处理好安全和生产，安全与日常生活的关系，为自觉地做好安全工作打下思想基础。安全思想教育具有其自身特点。安全思想教育与安全管理，一直是安全工作中相互依存、不可分割的有机整体，它们组成了多环节、多因素、动态复杂的系统工程。人的行为受一定的思想支配，人的思想活动与外部环境、条件有着不可分割的联系。因此，要不断拓宽安全思想教育领域，有针对性地抓好安全思想教育，最大限度地发挥思想教育在安全生产管理中的作用。

（2）安全法纪教育。安全法纪教育主要是使人们认识安全生产法律法规和规章制度对实现安全生产的重要性。使职工了解和掌握国家的安全生产法律和规程、规定，保证在其约束下进行安全生产活动。激发人们自觉地遵纪守法，杜绝不安全行为。

（3）安全生产方针政策教育。国家的安全生产方针及劳动保护政策，是制定各项安全生产规章制度的依据，而执行规章制度既是大量事故教训的总结，又是安全生产工作先进经验的结晶。因此，必须采取各种措施和形式，大力宣传和认真贯彻，以便提高各级领导和广大群众的安全生产水平。

4-91　了解教育对象态度的安全态度教育方法有哪些？

要进行安全态度教育，首先必须了解教育对象对于安全持何种态度，了解态度的方法有"望、问、闻、切"四法。

（1）"望"：就是观察人的一举一动，一言一行，从而从行为上反映每个人对于安全的重视程度。

（2）"问"：就是通过询问，让当事人回答有关安全的认识问题，进一步掌握安全在当事人的心目中的地位。

（3）"闻"：就是在询问的基础上，来倾听当事人的诉说，倾听别人的评价，从而确定当事人的安全认识程度。

（4）"切"：通过对人的行为观察、询问、了解，进行综合评判，确定人的安全态度，采取相应对策措施。

4-92　在安全态度教育方法上应注意哪些方面？

在教育方法上应注意查、清、释、示范、激励五个方面。

（1）"查"：发现有不安全行为后，需要冷静，心平气和，耐心听取员工陈述，抓住有利时机，寻找根源反复了解产生不安全行为的真正原因。

（2）"清"：就是清理不安全行为发生的原因，比如来自于制度不合理，需要修改补充完善制度，对合理需求未能得到满足，就设法创造满足的条件等。

（3）"释"：就是要解疑释惑，对员工理解不清或疑惑、误解的问题要详细解释，使其达到心情舒畅。

（4）"示范"：如果只讲不去实施，那么前两步做得再好也徒劳，这一步很关键。按照正确操作程序去反复训练，达到操作自如的程度。注重经常性的安全宣传，宣传是控制和改变人们态度的重要手段。

（5）"激励"：采用强化手段，表扬和鼓励那些安全态度端正、遵章守纪的人们，通过榜样的作用来推动整个安全管理工作。

4-93　安全思想教育有哪些性质？

安全思想教育主要有导向性、间接性、潜在性、灵活性和实效性这五个性质。

4-94　如何理解安全思想教育的导向性？

安全思想教育是安全文化教育的重要组成部分。它与科技发展和现代科学管理相适应，是安全管理工作的重要手段之一。其主要功能是对人进行有目的、有意识的行为控制和思想导向，即把人们的思想意识、行为同安全与健康的环境要求结合起来，使之接受人们共同的安全价值观，并向既定的安全与健康目标进行探索与努力。

4-95 如何理解安全思想教育的间接性?

安全思想教育是一个由表及里、循序渐进、逐步渗透的过程,要用一系列方针、政策、法律法规、规程、指令对人们进行经常性的、不间断的思想灌输。这一效应的实现,要通过人与人之间各种形式的交流逐渐发生作用。因此,安全思想教育要"常下毛毛雨,常打预防针",由此及彼、由表及里,逐渐渗透到人们的内心世界,起到防微杜渐,防患于未然的作用。

4-96 如何理解安全思想教育的潜在性?

安全思想教育的实际效应揭示了它由"潜"到"显"的变化规律。安全思想教育的效应划分为浅层效应和深层效应。浅层效应一般是指表面的东西,通过一系列安全教育活动使员工从思想上受到震动和鼓励,加深感性认识的程度。它反映的则是理性认识水平,从根本上支配着人的言行,具有较强的潜在性。安全思想教育的浅层与深层效应是相互作用、相辅相成的。若干浅层效应的积累会达到深层效应的程度,由感性认识上升到理性认识,其效应也会愈加持久和稳定。因此,应当不断探索优选新的教育支撑点,加强不同层次的正面教育,加速教育与管理之间的横向渗透,充分发挥安全思想教育的潜在功能。

4-97 如何理解安全思想教育的灵活性?

安全思想教育不受时间、地点的约束和限制。安全思想教育工作是根据安全工作的实际,根据当时、当地的不同情况采用不同的方式、方法,既可以通过集体学习达到提高对安全的思想认识,又可以通过个别谈心方式解决个人思想上的疑惑与矛盾,既可以在现场现身说法,又可以通过理论辅导来加深理解。

4-98 如何理解安全思想教育的实效性?

掌握人的思想变化规律,激励人们的工作热情,调动人们的工作积极性,把人们的行为引向正确轨道和既定的目标,是当前安全思想教育工作的中心。人们经过多年的实践探索和不断创新,一系列各具特色、生动活泼、富有成效的安全思想教育方法将灵活性与科学性有机结合,适应各种不同的情况,既有宏观的指导性,又有微观的实用性。

4-99 安全思想教育面临着哪些新情况?

安全思想教育也面临着一些新情况。

(1) 人的思想有求新的愿望。人的求新图异的心理是学习新事物,了解新知识,探索新经验的力量之源。只有新,才能激发人们的兴趣。心理学研究表明,兴趣是人们探求知识和接触某种事物发出的一种意识倾向。当我们认识到某种事物和某种活动与自己的需要密切相关后,就会热情而耐心地对待它。思维的多元化也使人们的思想更加活跃,对同一个问题,人们可以从许多不同的角度观察,得出各种不同的结论。与人们的日常生活具有密切关系的事情,要从思想教育的角度不断提高人们的兴趣,统一人们的思想,使人们对安全问题保持持久的热情。

（2）科技进步加快求新的趋势。人们生活幸福的程度与科技进步的程度是一致的。人们对于安全知识的获取已从单一的听讲课方式转变为多渠道、多方位。新知识、新观念、新思想从广播、电视、报纸、书刊、网络等多种途径渗透到千家万户。也可以说，科技进步使得人们站在了更高层次上来思考安全这个问题。科技进步使安全管理方式、生产方式以及劳动对象和操作工艺不断发生重大变化，这就促使人们必须加快安全认识的更新，以适应飞速变化的科技发展。如果安全思想教育无视时代的这种进步而习惯于几十年不变的内容与形式，它必然不会引起人们的兴趣，甚至会遭到人们的排斥。

（3）管理的科学化有求新的要求。随着现代企业管理的科学化，安全思想教育必须不断创新，以适应人们不断变化的新愿望、科技进步的新趋势和管理方式的新要求。必须深入实际，面向大众，积累经验，不断探索，丰富内涵，开阔视野，谋划长远，面向未来。安全思想教育活动的创新，要注意以下几点：

1）创新不是搞花架子，不能图形式好看而内容不实；

2）创新并不是内容和方式的简单循环；创新贵在审时度势，对症下药，力求使安全思想教育在人情人理上下工夫。

4 - 100　安全思想教育有哪些新理念？

安全思想教育的新理念主要有系统理念、文化理念和创新理念。

4 - 101　什么是安全思想教育的系统理念？

安全思想教育工作必须形成社会各界、企业各部门齐抓共管的系统工程，形成安全管理与宣传教育的合力，长期反复进行思想、态度、责任、法制、价值观等方面的教育，并从哲学、文学、美学、艺术等多角度对全员进行安全文化渗透。做到安全教育制度化、规范化和多样化。在具体运作上，实施统一领导，分工负责，密切协作的安全教育体制和工作机制，突出组织配合。通过各种形式的安全活动，增加安全教育的感染力、震撼力和约束力，使人们从思想上、行动上绷紧安全这根弦，从灵魂深处打上安全的烙印。

4 - 102　什么是安全思想教育的文化理念？

安全思想教育是安全文化建设的深层内涵。安全文化建设的好坏将直接影响人们安全意识的强弱和能否确保安全生产和生活。因此，要把安全思想教育当作安全文化的重要内容来抓，通过各种形式的安全教育，充分阐释安全文化，大力传播安全文化，系统灌输安全文化，认真实践安全文化，营造安全文化的浓厚氛围，增强人们的安全意识。把人作为安全文化建设的重点与着力点，明确任务，责任到人，有针对性地强化安全意识教育，发挥安全文化建设的示范作用。加强对人们行为规范的矫正，激发人们对安全健康的渴望，建立起"我要安全"意识，从根本上提高安全认识。强化人员安全知识的学习，提高基本操作技能，提高安全觉悟，牢固树立"安全第一"、"人的安全与健康高于一切"的观念。

4 - 103　什么是安全思想教育的创新理念？

切实做好人的安全思想教育是确保安全的重要工作，安全工作的效果在很大程度上取决于安全思想教育的水平。不断寻求更切实际、更有实效的安全思想教育方法，是必须要探求和解决的问题。为此，一是要在安全思想教育的广度和深度上下工夫。就广度而言，安全思想教育要拓展到社会的各个层面和各个领域，形成大局面，使人们时刻保持安全的警觉性；就深度而言，应使人们切实认识安全对于自己的重要性，以及出现事故后给社会、企业、家庭所带来的不良影响与灾难，从提高素质，增强责任感上做好教育工作。二是要突出以人为本的教育方式。安全思想教育要把着力点、出发点放在"人"这一安全工作的根本点上，要时时处处体现相信人、尊重人、理解人、塑造人的原则，使人在宽松和谐的环境中自我教育。三是要努力实现安全思想教育制度化、规范化、社会化，增强安全思想教育的统一性、协调性、有效性，实现安全教育与管理一体化。

4 – 104　安全教育应促使员工形成哪些安全观？

通过企业安全教育，使员工认识到自己是安全与健康的载体，是被保护的对象，同时又是不安全行为和不安全物化环境的制造者。安全除了与企业效益和个人利益直接相关外，还给家庭幸福与社会的安定带来影响。要促使员工形成正确的安全观，如：

（1）安全就是幸福的观念；

（2）安全就是财富的观念；

（3）安全就是道德的观念；

（4）安全就是技能的观念；

（5）安全就是荣誉的观念。

4 – 105　如何理解安全就是幸福的观念？

随着社会的进步，人们生活水平和生活质量的提高，人们对于幸福的理解和要求也在发生变化，然而，无论如何演变，人们幸福的基础是完整的生命和健康的体魄，这一点是不能怀疑的。就个人来说，只有拥有完整的生命和健康的体魄，才能够去从事创造社会价值的生活，才能够去追求个人的理想，才有资格去努力实现自己的愿望。就其家庭而言，只有拥有完整的生命和健康的体魄，才能体现家庭结构的完整，才能承担起家庭的责任，完成作为家庭成员的义务，为家庭创造物质财富和精神财富，与家庭成员一起分享快乐与温暖。一个人的身体受到伤害、生命受到威胁，不仅是自己人生极大的悲哀，而且将使整个家庭像多米诺骨牌一样，由幸福美满、充满希望迅速滑向毫无希望、充满苦难的深渊。如果由于自己的不安全行为导致周围人身体受到伤害和生命威胁，则将怀着负罪感去面对破碎的家庭，一群悲痛欲绝的老老少少。因此，只有安全才能有个人和家庭的幸福，只有安全才是幸福和成功的保证。

4 – 106　如何理解安全就是财富的观念？

众所周知，人类的任何财富都是靠人们的主观努力在艰苦的社会实践中创造的，从来没有不经过人的艰辛劳动就能得到的财富。人类从事任何社会生产生活等的实践活动，都需要有完整的生命和健康的体魄，没有完整的生命和健康的体魄，就失去了参加社会生产和社会生活实践活动的基本条件，至少是使其活动受到限制，也就不可能参加创造物质和精神财富的活动，同样不可能拥有物质和精神财富。更有甚者，当一个人的生命或健康受到威胁时，由于需要维持挽救和延续生命，社会和家庭还要支出大量的人力、物力、财力，消耗社会和家庭已经拥有的物质财富和精神财富。因此，最大的财富是健康，最宝贵的东西是生命。只有拥有了安全，才能有创造财富的基础和拥有财富的条件。

4－107 如何理解安全就是道德的观念？

劳动者的安全道德是社会公德、职业道德的重要组成部分，也是一个与安全生产紧密关联的重要问题。安全价值观的本质是保障自身安全。"珍惜生命，关爱健康"是人类共有的传统道德，更是社会主义道德规范的重要组成部分。生命不仅属于个人，而且属于亲人、属于家庭、属于社会，一个人发生了安全问题，整个家庭甚至是整个社会都要品尝这个悲剧的苦果。所以说，保证自己的安全即是对父母、配偶和子女最好的回报。一个人对于生命的态度，体现了他对社会的态度、对家庭的态度，是个人人品、人格的诠释。对生命的珍惜，表明其对生活的美好追求，是对自然的热爱，对家庭的负责，是对工友的尊重，对社会的热爱；对生命的珍惜，是一个人"对父母尽孝心，对妻儿尽爱心，对工作尽责任心，对社会尽奉献心，对国家尽忠心"的最基本要求。而对生命的浪费，则表明其精神颓废、对生活冷漠，对家庭缺乏责任感，对工友缺乏情感，对社会蔑视。强烈的责任心是以一定的安全道德为基础的，安全工作的基本要求是"三不伤害"，而这也是社会道德的基本要求，因为不伤害人才能做到尊重人，珍惜自己的人才有可能尊重别人。尊重自己的生命是对家人对社会的责任，尊重别人的生命则是道德和法律的要求。很难想象一个对自己的安全都满不在乎，对生命的价值都毫无认识的人能够对他人、家庭和社会承担何种责任。所以说对生命的不重视是一个人道德沦丧的表现。"对生命和健康的无谓毁坏，是一种道义上的罪恶。对可预防的事故，不采取必要的措施，负有道义上的责任"，一个劳动者的道德品质如何，高尚与否首先要看他对于安全的态度如何，看他能否在生产作业中做到"三不伤害"。"违章"是对"三不伤害"的直接否定，有"违章"的人无疑是道德品质低下者。我们每天在感受幸福的同时，也应当为自己和他人的安全尽自己的义务。安全关系到人的身心健康、生命及财产。在道德观念中应该提倡使他人生活得更好、更安全。应该建立"安全人人有责"；"遵章光荣、违章可耻"；"珍惜生命，修养自我，享受人生"；自律、自爱、自护、自救；保护自己，爱护他人；消除隐患，事事警觉的意识。感觉到自己对自己、自己对他人安全应承担责任，进而明确自己的安全行为规范。

4－108 如何理解安全就是技能的观念？

劳动者必须掌握一定的技能才能胜任一定岗位的工作。只有熟练掌握与之相应的技能才能顺利完成任务。任何岗位所要求的技能无论标准高低，其基本就是掌握安全保障的技能。只有掌握最基本的安全保障技能，才能掌握生产操作技能，在没有掌握安全保障技能的条件下，是不能完成岗位任务的，因此，安全技能就是一切技能的基础和最低标准，是否安全和能否保证安全就已成为一个人能否胜任岗位工作的基本条件。

4-109 如何理解安全就是荣誉的观念?

事故往往是由于人的不安全行为造成的。这种不安全行为包括自身的不安全行为和他人的不安全行为。无论哪种情况,都说明了被伤害者本人的安全防范意识不强和安全技能低下,不能自主保安,从而给人们留下的是被伤害者智能和技能方面甚至道德方面的不良印象,降低个人的威信,损坏个人的公众形象。因此,尽管劳动者在工作中受到的伤害可以被定性为"工伤",可以得到相应的补偿和人们的同情与怜悯,但是,工伤可怜而不光荣。真正光荣的是能够遵章守纪、严格践行安全制度、防患于未然、能够化险为夷的人,是长期实践"三不伤害"的人,只有这些人才能得到社会的承认,得到人们的尊敬。如果因为自己的不安全行为而造成他人的伤害,得到的将是经济、行政、法律的惩罚,社会的谴责和鄙视,自己的愧疚和悔恨。

4-110 文学艺术在安全文化建设中起什么作用?

安全文化历史之悠久,已为很多人所接受。但安全文化建设,作为人类安全保障的一项明智选择,在我国还处于萌芽阶段,尚需作大量的理论准备与舆论宣传工作,文学艺术担此重任是最合适不过的了,因为文学艺术作品具有强烈的感染力,由它来作开路先锋对这项巨大的安保工程是非常有益的。人们有责任让文学艺术成为一项为安全生产、劳动保护服务的崇高事业,成为整个安全文化建设事业的一个重要部分。文艺源于社会生活,同时又反过来在社会生活中产生重大作用。作为安全文艺,它源于社会安全生产与生活,并主要运用于安全教育,帮助劳动者提高对安全问题的认识,使之能够身心健康地从事各项社会活动。作品是作者对现实生活中安全问题的基本态度、看法以及思想倾向,这些态度、看法、思想倾向如果是正确的,那么它就借助作品传递给读者,达到影响读者、提高读者对安全生产与生活的认识水平和审美能力的目的。这些作用与一般的教科书不一样,不是据说教来实现,而是靠形象去完成。

4-111 文学艺术在我国安全文化建设中的现状如何?

安全文化有丰富的创作源泉。安全文化作为人类文化的组成部分,广泛存在于人们的社会生活中,并集中表现在社会的物质生产领域,通常所说的安全生产指的就是这一领域的安全文化。作为文学艺术创作要反映的重点也在这一领域。当然,与物质生产活动相关的事物就涉及各个领域、各个方面,准确地说就是人们社会生活的全部。在如此宽广的领域有着五彩缤纷、千姿百态的、万花筒般丰富多彩的生活,蕴藏着取之不尽、用之不竭的创作素材,是文学家、艺术家们创作活动的新天地。但是,迄今为止,这还是一块处女地,即使是有一些垦殖,也是浅层的,它期待着真正的文艺家的开垦。

目前对安全的宣传及传播很不够,特别是缺乏文学艺术的参与。企业应为繁荣安全文艺和安全科普读物的创作提供经济的基础,为发展安全文化与安全教育做贡献。开展各种安全文艺宣传活动,通过各种形式安全文化的宣传和教育,丰富多彩的安全文艺,把"预防在先,安全为天"、"安全第一,文明生产"、"居安思危,警钟长鸣"寓于安全生产、寓于生活、寓于家庭,真正做到"高高兴兴上班去,平平安安回家来"。

4.3 企业安全制度文化

4-112 什么是企业安全制度文化？

安全制度文化是企业安全文化体系的重要组成部分，它是以国家安全法律法规、行业规范、先进的管理方法、科研成果、试验结论以及事故教训等为依据而建立起的、员工共同遵守的安全法规体系、安全制度体系、安全操作规程、企业标准体系、员工行为规范、作业指导书以及体制机制等方面的综合。它是安全理念文化转化成安全行为文化和物质文化的纽带，是安全理念文化固化于制度的具体体现。

4-113 企业安全制度文化建设有什么意义？

文化形成制度，制度强化文化。制度的建立就是将企业先进的安全理念转化为具有"配套性、先进性、科学性、可操作性"的管理制度的过程，只有研究建立一套高效运作、实用性强的安全管理配套制度文化体系，形成强有力的制度约束和规范功能，消除安全管理低效运作瓶颈，实现由人治向法治的根本性转变，打通安全管理各环节的衔接流程，使各层级安全管理团队从日常不必要的协调、沟通中解脱出来，专心致力于安全技术措施的研究和有效安全管理模式的探究等工作，切实提升安全执行力和工作效率。

4-114 企业安全制度文化建设应遵循哪些基本原则？

企业安全制度文化建设的基本原则为：

（1）配套性原则。制度编制应遵循配套性原则，每制定一项制度，后面都应研究建立一个保证此项制度贯彻落实的配套制度，形成强有力的配套制度保证体系，发挥配套制度体系防范功能。

（2）科学性原则。制度编制要以科学思想为指导，以实践理论与试验结论等为依据，科学地编制制度，以体现它的科学性。

（3）先进性原则。制度编制应根据在法律法规、行业规范、先进的管理方法、科研成果、实验结论、事故教训等来编制，以充分体现它的先进性。

（4）可操作性原则。制度编制要便于员工遵守和对照执行，切忌繁琐，应力求简练，并具有可操作性。

（5）定量性原则。制度编制应遵循定量化原则，使一些条款或规定尽量量化，更加发挥制度的机制作用。

4-115 企业如何建设安全制度文化？

建设安全制度文化，实际上就是把企业多年来沉淀下来的安全文化要素优化整合、归纳提炼出来的先进安全理念转化成全体员工共同遵守的安全行为规范。其行为规范，是因安全制度文化而产生，反过来又影响制度文化；安全制度文化与行为规范是一种蕴含与互动的关系，文化蕴含着制度，制度体现着文化。不能脱离开行为规范讲自律；不能脱离开行为规范谈安全价值观；不能脱离开行为规范论制度文化。相反，要把安全文化要素有机地"装进"制度体系构架中，与之相融合，使企业独特的经营理念、企业精神、组织形式、管理风格和员工素质，通过有形的安全制度载体和安全管理模式得以体现。

4-116 企业安全生产规章制度可以划分为哪些层级？

安全制度体系按隶属关系，划分为公司级、厂矿级、车间级和班组级四个层级。按效力和制度所规范事项的作用，划分为根本制度、基本制度、具体规章和具体规程四个层级。其层级效力和对应关系为：根本制度→基本制度→具体规章（规定→办法/实施细则）→具体规程（规程/标准/流程/说明书/作业指导书/手册）。

4-117 企业安全管理制度应满足哪些要求？

安全管理制度应满足以下要求：
（1）安全管理制度应具有配套性；
（2）安全管理制度应具有先进性；
（3）安全管理制度应具有科学性；
（4）安全管理制度应具有可操作性和时效性。

4-118 如何实现企业安全管理制度的配套性？

设备安全技术规程和安全操作规程只是规定员工"只能这么做，不能那么做"，但没有明确"先做什么，后做什么"的程序问题，也没有规定怎么去做的动作标准问题，所以在配套系统建设中必须建立"作业程序和动作标准"，以解决操作程序和动作标准的问题。对于设备或工艺安全技术规程、安全操作规程及动作标准是否落实的问题，没有明确运作机制，这样就要求必须建立一套保证制度、规程和标准得以落实的且体现运作机制的安全管理配套制度，比如安全管理办法，考核、评价、例会、检查等制度。每一项制度都应研究建立一套配套制度体系，体现运作机制，以确保制度能得以全面贯彻落实。

4-119 如何实现企业安全管理制度的先进性？

根据现行法律法规、行业规范、先进的管理方法、科研成果、实验结论、事故教训等方面编制制度，使之具有先进性。

4-120 如何实现企业安全管理制度的科学性？

制度的制定要以科学思想为指导，以实践理论与试验结果等作为依据，确保科学性。

4-121 如何实现企业安全管理制度的可操作性和时效性？

制度应具有可操作性，要结合具体的生产实际，以简洁、准确的语言进行编写，以便于执行者能准确理解制度，正确执行和落实制度；制度要根据法律法规、地方性法规、行业法规、先进的管理方法、先进技术、事故教训以及生产实际的变化及时更新、及时进行修订，使制度实时都能与生产管理实际相适应，确保其实效性。

4-122 企业班前会准备的主要要求是什么？

班前会准备主要要求是：车间主任或班组长要提前掌握上一班生产运行情况、本班的工作任务或调度指令，结合上一班作业现场存在的问题，针对每个环节、每个岗位，明确工作中主要的问题，识别不安全因素，提出相应的防范措施，并形成书面材料。当班员工提前半小时到达排班地点。召开班前会。车间主任或班组长将排班内容向当班员工一一交代清楚；复述与本班工作任务相关的安全注意事项；排班结束时全体员工要共同复诵车间或班组安全理念。

4-123 企业交接班制度的主要要求是什么？

严格执行交接班制度主要要求是：除特殊情况严格执行相关规定外，交接班工作必须在现场进行。交班人员要把当班设备运行情况、工艺指标、异常现象及处理结果、领导或调度指示和指令、相关安全生产原始记录一一向接班人员交接清楚，接班人员要逐一复查确认。

4-124 企业要害岗位岗前许可制度的主要要求是什么？

建立要害岗位岗前许可制度主要要求是：

（1）上岗前许可。要求在要害岗位作业的员工，上岗前必须对本岗位安全操作规程和安全操作技能100%掌握，由车间主任签字许可后，方可上岗从事要害岗位作业。

（2）班前许可。从事要害岗位作业的员工，班前必须由班组长对员工的身体状况、精神状态、劳动防护用品穿戴和使用的工器具等进行确认，签字许可后方可进入岗位作业。

4-125 企业无隐患管理的主要要求是什么？

建立完善安全检查工作体系和隐患整改核销"闭环"管理运作机制，积极推行无隐患管理办法，不断向"零隐患"管理目标迈进。主要要求是：

（1）建立完善"三检两巡加确认"体系。"三检"即车间周检、班组日检、岗位班检；"两巡"即职能人员巡回检查和值班人员巡回检查；"加确认"即岗位员工自我确认和班组长或当班安全负责人复查确认。

（2）建立完善安全检查运作机制，实现安全检查制度化、经常化。车间周检由车间主任负责组织，检查前要制定安全检查表，明确检查内容和区域，认真对照检查。班组日检由班组长负责组织，重点对设备设施、安全防护设施、生产作业环境和员工遵章守纪等情况进行检查。岗位班检由班安全负责人组织，重点对所管辖区域现场环境、所用设备、使用工具等进行检查。车间领导和职能管理人员按照责任区划分，定期深入责任区进行安全巡查，协调解决安全生产问题，及时消除事故隐患，制止和纠正员工的违章违纪行为。车间值班人员（包括夜间值班、双休日值班和节假日值班）值班时要认真进行安全巡查，并详细记录巡查路线、巡查内容、查处的隐患或问题以及处理情况。岗位员工在上岗前要对劳动防护用品的穿戴、所管区域现场环境、所用设备、使用工具进行安全确认；班中要重点对安全装置完好情况及设备运行情况进行巡查确认。班组长或当班安全负责人要严格进行复查确认，重点确认当班员工劳动防护用品穿戴、安全规程执行以及各岗位发现问题整改及上报情况等。

（3）建立隐患分级管理制度，实施隐患登记、上报、整改、核销闭环管理，提升隐患整改的质量和效果。车间、班组对各类安全检查、巡查和安全确认中发现的隐患或问题都要做好记录，按照"三定四不准"的原则，明确责任人，认真整改核销并签字确认，实现隐患整改核销"闭环"管理。对车间、班组难以整改的事故隐患，要制定监控和防范措施并以书面形式及时报告上一级组织，注明报告部门名称、接受报告人姓名及职务。

4-126 企业安全许可审批机制应满足哪些要求？

建立和完善安全许可审批机制，确保危险性较大的非常规作业处于安全受控之中。主要要求是：

（1）完善安全许可审批作业目录。根据本单位确定的安全许可审批作业范围，建立本车间安全许可审批作业目录。

（2）建立安全许可分级审批机制，严格审批程序。属于安全许可审批范围的作业，提前组织制定书面安全措施，明确现场作业负责人和监督人；危险性较大的作业，如特殊场所施爆、危险场所拆除、容器内检修、存在有毒有害介质的管道检修、危险场所动火和溜井堵塞处理等作业的安全措施须报主管部门审查，主管领导签字许可后方可实施。其他检修、抢修及临时性工作的安全措施，经车间主管领导审查、车间主任签字许可后实施。所有安全措施都必须在实施前组织员工认真学习，并在实际工作中严格执行。

4-127 企业安全技术规程及操作规程文化建设的主要内容是什么？

安全技术规程及操作规程文化建设是安全制度文化建设不可忽视的重要组成部分之一，它是员工操作行为的准则或规范，各单位要高度重视，认真创建。主要内容有：

（1）工艺安全技术规程；
（2）设备设施安全技术规程；
（3）各工种安全操作规程；
（4）设备设施使用、检修、维护保养规程；
（5）安全操作程序、动作标准。

4-128 企业劳动保护主要包括哪些内容？

（1）建立健全安全监控能力。从主动防范和预防控制的角度出发，建立健全高危作业区、高危工艺流程、重大危险源的安全监控体系，实施分级监控，挂牌警示，使其时刻处于防范和监控中。

（2）建立健全应急救援体系，实施应急救援演练活动，提升突发事件应急救援与抗灾能力。一是对高危作业区、高危工艺流程、重大危险源岗位研究建立应急预案；二是组织职工学习预案，掌握预案；三是按照预案要求每年组织1~2次应急救援和疏散演练活动。通过演练不断完善预案和演练行动方案，不断提高应对突发事件的能力。

（3）加强人、机、环匹配化水平建设，是构建"平安车间"、"平安班组"，打造本质安全化车间、班组最根本、最重要的内容。只有加强人、机、环匹配水平建设，才能从根本上打造出本质安全化车间、班组，实现"平安车间"、"平安班组"。强化三层次员工行为本质安全化建设，切实提高三层次员工的安全文化素质。强化三层次员工的素质即领导层的安全决策素质、管理层的安全管理素质、操作层的操作素质，是人、机、环匹配化建设的重要内容。在人、机、环匹配化建设当中，员工行为本质安全化建设是最关键、最重要环节。因此，要把员工行为本质安全化建设作为重要内容来抓，以提高三层次员工行为本质安全化水平。强化设备管理与技术改造，提高装备安全本质化水平。装备安全本质化建设是人、机、环匹配化建设中的又一项重要内容，也是反映匹配化建设发展水平的关键条件。

1）要针对安全生产的重大课题和关键技术，积极组织开展科研攻关，不断提高技术装备的科学性、先进性和可靠性；

2）要注重装备的安全技术改造，不断提升装备的安全本质化基础条件；

3）要搞好技术交流和技术推广工作，不断开发应用新的安全技术和新的技术装备，依靠先进优良的技术装备，提升本质安全化水平；

4）要抓好装备的"预知维修"工作，努力消除机械故障，实现设备安全本质化，进而提高设备安全进行效率。强化作业环境建设，消除事故隐患，提升作业区环境本质安全化水平。在人、机、环匹配化建设中，环境本质安全化建设是不可忽视的重要条件，必须从各自事故隐患的查处、整改、核销入手，消除作业环境中存在的各类隐患，为员工创造一个优良的作业环境和良好的安全环境。强化人、机、环匹配系统建设，不断提升人、机、环匹配水平。在人、机、环匹配建设中，忽视任何一方建设都会影响人、机、环匹配化方面的整体水平。因此，把人、机、环放在同等重要位置来建设，以提高整体水平。

（4）加强车间、班组安全管理工作的组织领导的主要要求是：加强组织领导。各单位要制定规范车间、班组安全管理工作的总体规划、目标和措施，明确组织实施部门及职责，发挥安全生产企业各部门齐抓共管的优势，把各项组织活动开展到车间、班组，不断加强车间、班组安全管理。根据相关规定，健全车间、班组组织机构，设立车间专（兼）职安全员、班组当班安全负责人、安全监督员。积极开展争创优秀安全示范岗活动，促进班组安全生产，深入组织开展平安车间、平安班组、平安岗位创建活动。各单位要结合本单位实际制定具体办法，加强对车间、班组的安全工作指导和宣传推动，定期组织开展车间、班组安全管理先进经验交流活动。每年组织开展一次平安车间、平安班组评比活动，给予表彰奖励，以点带面，全面推进。

4-129 企业如何设置安全机构？

企业安全制度文化建设组织领导的主要内容包括：各单位都要把安全制度文化建设纳入安全文化体系建设的整体规划，加强对安全制度文化建设的领导，建立和健全科学的、运转有序的安全制度文化建设工作机制。各单位都要明确负责安全制度文化建设工作的职能部门，制定切实可行的安全制度文化建设规划和工作计划安排，扎实工作，分步实施。各级领导都应成为安全制度文化建设的积极倡导者、组织者、示范者和实践者，积极推动本单位安全制度文化建设。

4-130 企业安全管理体制文化建设主要包括哪些内容?

安全管理体制、机制文化建设,是安全制度文化体系建设的重要组成部分,它是安全理念文化向安全行为文化渗透的机制文化,是安全理念内化人心,或向行为文化渗透的具体指导或可执行方法。主要包括:

(1) 建立一套应急救援体系,提高安全预警能力。创新一套高效的安全执法体制、机制,走依法管理安全的轨道。研究建立一套科学、高效的安全管理体制,提高执行功能;

(2) 研究建立一套安全生产长效支撑体系,实现长周期安全生产;

(3) 创新一套高效的安全管理工作流程,提升安全执行效率;

(4) 探索一套先进的安全管理模式及科学的安全工作思路或方法,提高管理效能。建立完善各层级安全检查工作体系及隐患整改、核销工作流程,提高隐患排查效果;

(5) 建立完善各层级自我安全评价体系与运作机制,提高评价质量与效果;

(6) 建立完善各层级安全生产责任网络体系和运作机制,提升责任区执行力及效果;

(7) 建立完善职能部门专业化安全网络化管理体制与运作机制,落实职能部门安全职责。

4-131 安全管理配套制度文化体系建设主要包括哪些内容?

安全管理配套制度文化体系建设是企业特色安全文化建设的重要组成部分,强化安全管理配套制度文化体系建设,发挥制度文化体系防御功能是企业特色安全文化建设和安全管理新体制建设的要求。安全管理的提升离不开制度文化和制度文化体系建设,更离不开配套制度文化和配套制度文化体系建设,归纳起来,主要有以下25个配套制度建设模块:

(1) 安全生产责任制及责任区配套制度建设;

(2) 安全责任确认制度配套建设;

(3) 安全教育培训制度建设;

(4) 安全技术措施项目管理配套制度建设;

(5) 隐患排查及隐患闭环管理配套制度建设;

(6) 检修安全措施管理配套制度建设;

(7) 事故上网管理配套制度建设;

(8) 特殊作业安全管理配套制度建设;

(9) 特种设备安全管理配套制度建设;

(10) 易燃易爆物品安全管理配套制度建设;

(11) 危险化学品安全管理配套制度建设;

(12) 危险源监控管理配套制度建设;

(13) 安全许可制配套制度建设;

(14) 消防安全管理配套制度建设;

(15) 事故应急救援管理配套制度建设;

(16) 定制管理配套制度建设;

(17) 现场安全管理配套制度建设;

（18）安全执法与监察管理办法配套制度建设；

（19）安全目标管理与绩效考核配套制度建设；

（20）安全生产自我评价配套制度建设；

（21）安全标志、标识、标语管理配套制度建设；

（22）安全色管理配套制度建设；

（23）劳动保护用品管理配套制度建设；

（24）职业卫生与职业病防治管理配套制度建设；

（25）防洪防汛安全管理配套制度建设。

4-132 安全法律、法规体系建设主要包括哪些内容？

安全法律、法规体系建设主要内容为搜集与本单位安全生产密切相关的国家法律法规、行政法规、行业法规、地方法规、国家标准、安全标准、行业标准和行业规范等，形成安全生产法规标准库。

4-133 建立企业监督检查机制有什么意义？

车间、班组是企业安全管理的两个重要层级，规范车间、班组安全管理是企业提升安全管理水平的自我要求。按照安全工作"关口前移、重心下移"的原则，对车间、班组分散的安全管理进行规范、整合，理顺安全管理流程，形成车间、班组"自我管理、自我控制、自我改进"的自治自控管理模式，对提升企业安全管理水平，形成车间、班组自治自控合力，实现"零伤害"管理目标，有着重要的意义。

4-134 企业监督检查机制主要包括哪些内容？

企业监督检查机制主要内容如下：

（1）建立完善车间、班组安全责任网络体系；

（2）建立完善车间、班组两层级安全管理运作机制；

（3）建立完善车间、班组安全管理配套制度体系，实现从人治向法治的根本转变；

（4）建立完善"三违"控制体系，树立规则意识，彰显制度的刚性和威严；

（5）建立完善车间、班组自我安全评价体系，激活车间、班组安全管理持续改进机制；

（6）建立完善安全讲话教育制和两级安全述职制度；

（7）坚持召开两个安全会议，落实两层级安全责任，推动各项工作提升；

（8）规范安全记录、档案和台账管理；

（9）建立完善车间、班组安全教育培训体系和运作机制，实现安全培训教育制度化、体系化、机制化；

（10）建立完善周安全活动运作体系与体制。

4-135 如何建立完善车间、班组安全责任网络体系？

建立完善车间、班组安全责任网络体系其目的就是理顺各层级人员责任关系，激发各层级人员责任意识，激活车间、班组安全管理运作机制。车间、班组安全责任网络体系的主要架构为：车间主任全面负责，副职领导分工负责，安全人员综合监管，职能人员实行专管，班组长对本班组安全全面负责，当班安全负责人对当班安全工作具体负责和岗位员工对本岗位具体负责。通过安全责任网络体系构建，理顺责任关系，消除车间、班组制约瓶颈，打通安全管理流程，提升安全执行力。

4-136 如何建立完善车间、班组两层级安全管理运作机制？

具体如下：

（1）建立完善"抓两头、促中间"安全管理模式。"抓两头、促中间"安全管理模式是当前较为先进、也较为有效的管理模式。"抓两头、促中间"管理模式实际是：一头是抓好规范化排班，明确当班工作任务和安全责任，建立当班安全跟踪监控机制，实现对生产过程中各类信息的有效控制和反馈处理；另一头是抓好规范化交接班，明确交接内容，建立起当班安全工作落实机制；"促中间"就是通过规范化排班和交接班，建立并实现当班安全跟踪巡检机制。

（2）建立"四抓两保一控"层级安全管理运作机制。"四抓两保一控"层级管理机制就是车间行政主要领导抓结果管理，副职领导抓过程管理，班组长抓细节管理，安全员抓监督管理，以细节管理保过程管理，以过程管理保结果管理，以监督管理控制层级管理落实。通过"抓两头、促中间"安全管理模式和当班"四抓两保一控"层级安全管理机制的有效运作，促使车间、班组安全生产的各环节处于受控状态，实现车间、班组安全管理自治自控。

4-137 如何建立完善车间、班组安全管理配套制度体系？

具体如下：

（1）建立完善车间安全管理配套制度体系，实现用制度规范车间安全管理、约束员工安全行为之目的。车间制度体系构架为：安全生产责任制；安全目标管理与绩效考核制度；现场安全文明生产制度；安全教育培训制度；安全监督检查和隐患整改核销制度；安全生产自我评价制度；危险工作安全许可制度；消防安全管理制度；危险源管理制度；危险化学品安全管理制度；设备定检和维修保养制度；交接班管理制度；事故报告和处理制度以及本单位认为需要制定的其他制度。

（2）建立完善班组安全管理配套制度体系，实现班组安全管理制度化、法制化。班组制度体系构架为：班前会制度；交接班制度；班组长跟班工作制度；现场安全文明生产制度；安全检查制度；安全确认制度；班组学习培训制度；事故报告和处理制度；安全绩效考核制度等。

（3）制定特殊作业或非常规作业指导书。明确特殊作业或非常规作业的具体操作方法、步骤、措施、标准和人员责任，保证特殊作业或非常规作业过程处于"可控、在控"状态，不出现偏差和错误。

4-138 如何建立完善"三违"控制体系？

具体如下：

（1）建立完善操作准入制度，控制"三违"（即违章作业、违章指挥、违章管理）

人员。岗位操作人员上岗前必须对本岗位操作规程和安全注意事项复述合格后，方可操作，否则不准上岗操作。

（2）建立完善车间、班组两级"三违"控制体系。各车间、班组根据工作程序和工作内容，从组织机构、作业程序控制、员工培训、纠正与预防措施、检查与处理等要素进行研究，确立"三违"控制体系。

（3）建立"三违"控制标准，实现员工"自我规范、自我管理、自我达标"机制。

（4）建立"三违"过关教育制度，提高"三违"人员遵章守纪意识。按"分级管理、分级负责"的原则，对查出的违规违纪违标人员，及时纠正，及时公示曝光，及时记分考核，及时给予黄牌警告或离岗过"三关"教育，并由车间主任亲自组织到各班组现身说法，作反面教材，鞭策违章员工从内心深处重视安全，提高安全意识。

（5）建立"三违"量化考核实施细则，严格考核。

4-139 如何建立完善车间、班组自我安全评价体系？

具体如下：

（1）建立车间级自我评价组织。具体由车间领导、工程技术人员、专（兼）职安全员和班组长等人员组成。

（2）建立车间、班组自我安全评价持续改进单元。各车间、班组应根据自我评价要求确定自我评价单元，如现场管理、安全防护设施、"三违"控制体系、高危装置、高危工艺系统、设备管理等。

（3）建立自我安全评价运作机制。选择适合评价单元的评价方法，每季度或半年实施一次评价。根据自我评价结果确定高危工艺环节、高危作业区、高危岗位和事故多发地段。

（4）健全安全监控体系，提高预控能力。从主动防范和预防控制的角度出发，建立健全高危作业区、高危工艺流程、重大危险源的安全监控体系，实施分级监控，挂牌警告，使其时刻处于防范和监控之中。

4-140 如何建立完善安全讲话教育机制和两级安全述职制度？

具体如下：

（1）建立完善车间层级安全讲话教育机制。车间层级安全讲话教育机制是指车间主任每月对车间全体员工实施一次安全讲话，并将其讲话印发至各班组作为周安全活动学习材料之一。目的是为了提高车间主任安全责任心和全体员工的群体安全意识。车间层级安全讲话由车间主任亲自撰稿、亲自讲话，并在相应安全例会上进行。其讲话内容主要是总结分析前一段时期安全生产形势，并结合上级部门阶段性工作要求，明确下一个月车间安全工作重点和任务。

（2）两级安全述职。实行车间主任和班组长安全述职制度，每季度一次，车间主任安全述职安排在本单位周生产调度会上进行，班组长安全述职由车间具体安排。其主要内容包括：近期安全工作情况，安全生产中存在的主要问题，下一阶段将要重点开展的安全工作，针对本单位安全生产工作提出建议或意见等。

（3）安全讲话和两级安全述职材料要印发到班组，作为班组周安全活动的学习材料。

单位对车间主任的安全讲话、安全述职，车间对班组长的安全述职，要定期考评。

4-141　如何落实两层级安全责任？

具体如下：

（1）坚持召开月安全生产例会，总结当月安全生产，部署下月重点工作，各车间要按照安全生产例会制度要求，每月月底或月初组织召开一次例会，会议由车间主任主持，参会人员为车间领导、职能管理人员和班组长。安全生产例会上一要车间主管领导总结本月主要安全工作，部署下月重点安全工作；二要车间主任进行安全讲话；三要各责任区和各班组汇报本月安全工作，安排下月安全工作；四要研究解决本车间的重大安全事项，安全绩效考核，典型事故案例通报等。会议要形成纪要，下发到各班组作为周安全活动学习材料。

（2）坚持车间周安全检查通报会，提高周安全检查质量和整改效果。按照车间周安全检查制，实行周安全检查通报制度。各车间周安全检查结束后，召开周安全检查通报会，一要对查出问题或隐患研究整改措施；二要以书面形式下发隐患整改通知；三要通报上周隐患整改情况；四要确定下周安全检查重点，每周要突出一个重点。

4-142　如何规范安全记录、档案和台账管理？

具体如下：

（1）车间安全记录、档案和台账。安全记录主要包括：安全生产周例会记录；车间领导以及职能管理人员巡检记录；生产安全事故分析记录；员工安全教育培训记录；违章违纪员工处理记录；隐患整改核销记录等。安全档案和台账主要包括：员工安全生产档案、特种作业人员台账、工伤人员统计台账、主要危险源登记台账、危险化学品登记台账等。

（2）班组安全记录。主要包括：排班记录；交接班记录；设备运行记录；安全确认记录；周安全活动记录；安全检查和隐患整改记录；岗位巡检记录；员工安全教育培训登记等。另外，车间、班组要及时收集整理上级部门和单位下发的安全生产方面的相关制度、规程、标准和文件等信息资料，提高车间、班组安全信息基础管理水平。

4-143　如何建立完善车间、班组安全教育培训体系和运作机制？

具体如下：

（1）规范教育培训类型和内容。

1）岗前安全教育：班组长岗前安全教育；新上岗、调岗、复工岗前安全教育；五新岗位员工岗前安全教育。

2）季节性安全教育：要根据季节变化特点及时实施季节性安全教育。

3）事故案例教育：历史上的今天教育；事故现场观摩教育；事故模拟预警教育；事故展览教育等。

4）安全述职教育。

5）安全讲话教育。

6）周安全活动教育。

7）班前、班中安全教育。

8）"三违"人员"过关"教育。

9）全员性安全教育。

各类安全教育培训的学时和内容应按照本公司和本单位安全教育培训规定执行。

（2）制定安全教育培训计划。对车间全年安全教育培训工作进行详细安排，明确培训类型、培训内容、培训方式、培训时间以及组织人、负责人、教育人。

（3）严格安全教育培训考核。各类安全教育培训都要有考核，其中对员工必须掌握的岗位安全知识和操作技能的合格标准为 100 分，其他安全知识的合格标准为 90 分。经培训考核不合格的员工，必须经过再培训和考核合格后，经车间主任或班组长签字同意后方可安排上岗工作。

4－144 如何建立完善周安全活动运作体系与体制？

具体如下：

（1）活动组织。以车间为单位组织的安全活动由车间主任主持，以班组为单位组织的安全活动由班组长主持。车间领导和职能管理人员按责任区划分，每周轮流参加各班组的周安全活动，进行监督和指导，并签字确认。

（2）活动时间。每周不少于 2 小时。

（3）活动人员。本车间或班组全体员工。原则上要求全体员工集中活动，因生产岗位特殊规定需要在岗的当班员工，由车间或班组在本周内另行安排活动时间；因其他原因没有参加活动的人员，要将活动内容及时传达，并在活动记录结束处加以注明。

（4）活动内容。主要包括总结分析上周安全工作，布置下周安全工作重点；学习、传达上级部门或领导有关安全生产的指示精神；学习安全操作规程和安全知识；学习两级安全讲话和三级安全述职材料；对员工必须掌握的岗位安全知识进行抽考；学习和讨论典型事故案例等。活动学习材料由车间统一规范。

4.4 企业安全行为文化

4－145 什么是企业安全行为文化？

安全行为文化既是安全理念文化的反映，也是安全制度文化固化于形的具体体现，是安全文化的重要组成部分。它是在安全理念文化引领和安全制度文化约束下，员工在生产经营活动中的安全行为准则、思维方式、行为模式的表现。

4－146 企业安全行为文化建设有什么意义？

人是安全管理工作中最活跃、最不可控的因素，人的不安全行为是导致事故的主要原因。企业全员安全行为文化建设是企业安全文化建设的重要内容之一，没有行为文化，理念和制度都是空谈。没有行为文化，企业安全文化就无法实现。建设安全行为文化，是规范企业决策层、管理层、操作层良好行为养成的重要途径。同时，企业安全行为文化体现了企业管理者及职工在长期的安全管理实践中形成的基本经验，是企业经营作风、精神面貌、人际关系的动态体现，是企业精神、价值观的折射。

4-147　企业安全行为文化建设的目标是什么？

企业安全行为文化建设的目标是通过企业安全行为文化建设，建立完善一套广大员工遵循的行为规范和行为养成载体构架体系，具体包括：

（1）使各层级决策层的决策行为符合法律、法规，做到决策、指挥不违法。

（2）使各层级管理人员、技术人员的日常管理、技术指导等管理行为不违章。

（3）使操作层员工养成遵守安全操作规程、遵守各项安全管理制度和工艺设备安全规范的良好行为习惯，实现依法决策、依法管理和按规章操作的目标。

4-148　企业如何建设安全行为文化？

通过研究人的行为规律，加强人的行为管理的研究和探讨，积极探索加强安全行为工作的新方法、新手段、新措施，建立并形成被广大员工广泛认知和接受的企业安全行为文化体系，从而实现安全管理以"事"、"物"为中心向以人为中心的转变，营造员工行为的"自控"氛围，变强制性的、外力性的安全管理为自我约束性、主观能动性的安全管理，把制度、规程要求变为员工的自觉自愿的行为，消除人的不安全因素。

4-149　企业三层级员工行为规范、安全作业指导书是什么？

企业三层级员工行为规范、安全作业指导书建设主要内容是：

（1）三层级员工行为规范——决策层级行为规范、管理层级行为规范和操作层级行为规范。

（2）安全作业指导书——关键岗位、高危岗位、特殊岗位安全作业指导书。

4-150　决策层安全决策行为规范包括哪些内容？

企业决策层应引导员工树立"一切事故皆可预防，一切事故皆可避免"的安全理念，企业决策层要逢会必讲安全，下现场必检查安全，并率先垂范带头抓安全、讲安全，应经常带领部、室有关单位负责人深入现场调查、协调和解决安全生产中存在的问题，检查指导安全生产工作，定期组织召开安全生产委员会，安排和布置安全生产工作，坚持做到"无隐患、零违章"生产，以特色的安全文化托起企业的平安，以员工自律托起家庭的幸福和安康。

4-151　管理层安全执行行为规范包括哪些内容？

企业应以文件的形式对各层级管理者带头履行安全职责提出明确的要求，积极倡导"安全源于良好的领导力"的观念，要求各层级管理者定期组织研究、部署本单位安全生产工作，引领各层级管理者花费较少时间高质量地研究解决问题。并每天拿出一定的时间深入基层研究处理工艺技术安全、设备设施安全、环境安全和员工行为安全，即"四安全"问题。

为了使"四安全"的行为落实到位，企业应印发相应文件，进一步规范各层级管理者、职能管理人员的安全引领行为，不断改进管理者安全工作作风，提高管理者安全执行力，深入基层研究解决工艺系统、设备设施、作业环境和员工行为的四安全问题，切实做到率先垂范、示范引领作用，对发现的不安全问题及时纠偏，要求员工做到的自己首先做到，要求员工不做的自己坚决不做。

4-152　员工安全行为规范包括哪些内容？

为规范员工安全行为，企业应从各层级员工日常容易做到而又常常违反的安全行为入手，即从上下楼梯安全行为、驾驶和乘车时安全行为、管理人员深入现场时的安全行为、厂房内行走安全行为等方面强制规范，逐步塑造和培养员工的良好安全行为和自我保护的安全意识。

（1）岗前五项准入行为规范。员工上岗前，先进行应知应会、劳保品佩戴、持证情况、身体状况和情绪状况五项确认，确保上岗前符合安全准入要求。

（2）准军事化排班与岗前安全宣誓。排班时，按照准军事化排班要求排班，并进行岗前安全宣誓。

（3）交接班行为规范。交接班工作在现场进行。交班人员要把当班设备运行情况、工艺指标、异常现象及处理结果、上级或调度指示和指令、相关安全生产原始记录一一向接班人员交接清楚，接班人员要逐一复查确认。

（4）厂区、厂房员工行走规范。厂区道路行走要走人行通道，靠右侧行走；上下楼梯必须扶扶手；横穿道路要走斑马线；厂房行走要走安全通道；驾车、乘车人员要系安全带。

（5）行为纠偏。

4-153　企业安全精神（智能）文化包括哪些内容？

企业安全精神（智能）文化包括安全哲学思想、企业安全意识形态、安全的思维方法、安全文明生产观念、安全生产的社会心理素质、企业安全风貌、企业安全形象、工业安全科学技术、企业安全管理理论、安全生产经营机制、安全文明环境文化意识、安全审美意识（安全美学）、安全文学、安全艺术、安全科学、安全技术以及关于自然科学的、社会科学的安全科学理论或安全管理方面的经验和理论。

4-154　企业安全精神（智能）文化反映在哪些方面？

企业安全精神（智能）文化从本质上看，它是企业员工的安全文明生产思想、情感和意志的综合表现，它是人在外部客观世界和自身内心世界对安全的认识能力与辨识结果的综合体现，安全精神（智能）文化是企业员工长期实践形成的心理思索的产物。它是一种无形的、深层次安全思想与意识的反映，是转化为安全物质文化和安全制度文化的基础。主要反映在以下几个方面：

（1）反映在对"安全第一，预防为主，综合治理"方针的贯彻力度，对安全法规和企业安全规章制度执行的态度和自觉性上。

（2）反映在企业的安全形象、安全目标和企业员工安全意识、安全素质上。

（3）反映在安全生产经营活动的全过程中，保障安全操作和安全产品的质量上。

（4）反映在关心企业、关心集体、关心他人的安全态度和行动上。

（5）反映在自觉学习安全技能，自救互救的应急训练和对企业安全承诺和承担维护安全生产和职业卫生的义务上。

由此看来，企业安全精神（智能）文化在社会群体的文化结构中，在企业生产经营活动中占有至关重要的地位。

4－155　企业安全管控可以分为哪五个阶段？

企业安全管控可以分为五个阶段：

（1）第一个阶段是粗放、松散型安全管控阶段。

（2）第二个阶段是强制被动执行阶段。

（3）第三个阶段是依赖引领阶段管理阶段。

（4）第四个阶段是自我安全管控阶段。

（5）第五个阶段是行为养成阶段。

4－156　什么是企业安全管控的粗放、松散型安全管控阶段？

粗放、松散型安全管控阶段，也称无规则管理阶段。它是指企业、车间或班组在安全管理上，处于粗放、松散或不精细、不集约；管理、操作无规章，规则意识差；现场问题多、隐患多、本质安全化程度较低的管理阶段。

4－157　什么是企业安全管控的强制被动执行阶段？

强制被动执行阶段是指在安全管理上，为了使三层级员工认真履行安全职责、落实责任、控制违章，企业的上级部门对下级所做出的强制执行各项制度、规程的要求，而员工却处于被动执行的阶段，也是要我管理、要我遵章守纪的被动执行阶段。

4－158　什么是企业安全管控的依赖引领阶段？

依赖引领阶段是指某企业、车间或班组员工在安全管理上，依赖上级引领或指导、上级采用先进的安全管理理念、方法、思路来引领或指导下级的管控阶段，本阶段员工已具有很强的需求用先进的安全管理理念引领的愿望，也是我要依法决策、依法管理、依法遵章守纪的安全管控阶段。

4－159　什么是企业安全管控的自我安全管控阶段？

自我安全管控阶段也称能管会管阶段，它是指某企业、车间或班组在安全管理上已形成了"自我管理、自我监控、自我评价、自我改进提升"自我管控行为，把这一形成自我管控行为的阶段称自我安全管控阶段。

4－160　什么是企业安全管控的行为养成阶段？

行为养成阶段是"五阶段"递进式安全管控模式的最高阶段。它是指决策层依法决策、管理层依法管理、操作层高度自觉地按工艺规律、操作纪律做事的阶段。它也是安全管理的最高阶段——安全文化阶段。

4－161 企业《员工安全行为规范体系构架》的主要内容是什么?

企业员工要养成良好的安全行为文化,必须建立健全《员工安全行为规范体系构架》,主要包括以下内容:

(1) 厂区道路员工行走与乘骑车行为规范。

(2) 作业厂房人流、车流与物流行为规范。

(3) 作业区域与操作岗位实施三区控制行为规范。

(4) 岗位劳保用品穿戴行为规范。

(5) 准军事化排班行为规范。

(6) 准军事化交接班行为规范。

(7) 准军事化安全确认行为规范。

(8) 准军事化手指口述行为规范。

(9) 领导安全述职与讲话行为规范。

(10) 职能部门专业网络化管理行为规范。

(11) 各层级领导基层研究"四安全"行为规范(研究工艺安全、设备设施安全、环境安全、行为安全)。

(12) 岗前安全准入与承诺行为规范。

(13) 领导值班行为规范。

(14) 管理人员安全巡查行为规范。

(15) 安全会议活动行为规范。

4－162 行为养成载体建设有哪些方法?

企业员工安全行为文化建设的目的不仅是要员工养成良好的安全行为习惯,而且也要控制员工的失误。行为养成载体构架体系建设,是安全行为文化建设的重要组成部分,若不注重行为养成载体构架体系建设,良好的安全行为很难养成,行为文化也就很难形成。

(1) 建立管理层级到基层层级的工艺安全、设备设施安全、作业环境安全、行为安全的"四安全"定量工作机制并为载体,落实领导责任。

(2) 建立"手指口述本质安全操作法"评价与竞赛活动平台,并以此为载体,推进其先进操作法的落实。

(3) 建立健全科学有效的"学规、用规、守规"活动开展机制平台,并以此活动为载体,引领员工树立规则意识。

(4) 研究建立"管理系统"、"工艺系统"、"操作装置与作业现场"等评价单元体系,并以建立完善层级评价,以此活动为载体,推动科学先进的行为养成评价。

(5) 建立完善隐患排查活动,开展工作机制及隐患整改、核销工作流程,使隐患排查及整改核销行为更加科学、更加规范,从而提升隐患排查及整改、核销工作质量。

(6) 依据公司各岗位劳动保护用品佩戴标准,研究制作成规范图标悬挂于岗位,引领员工对照图标穿戴好劳动保护用品,并引领巡检人员按照所到岗位核准自己的劳动保护用品是否穿戴齐全与规范。

(7) 研究建立"无隐患、零违章"活动开展工作机制及"零伤害构架体系",使其管理行为更加科学、运作有效。研究开展"震慑三违、规范员工行为"活动，并配套实施"违规、违纪、违标量化考核管理办法"，使员工的不安全行为得到纠偏，将员工行为强制入轨。

（8）研究完善准军事化管理活动开展工作机制，并以此为载体，将各种管理行为和操作行为向科学化、规则化、模式化、机制化、精细化、集约化管理导入，打造一支执行力和服从力较强的员工队伍。按照"干什么、学什么、缺什么、补什么"的原则，采取集中培训、定期轮训、专业培训、现场实训、案例教育、岗位练兵、技术比武、示范演示等形式，让员工学得懂、记得住，导入规范行为，不断提升员工的安全操作与防范技能。

（9）研究完善"开展危险预知与危险源辨识活动"开展工作机制，切实建立一套"危险预知与危险源辨识体系"，全面掌握危险预知与危险辨识方法。

（10）研究完善开展"安全确认活动"工作机制，建立一套"安全确认体系"，使员工的行为得到确认。

4-163　企业安全行为文化建设组织领导的内容主要是什么？

企业安全行为文化建设的组织领导内容主要包括：

（1）各单位都要把安全行为文化建设纳入安全文化体系建设的整体规划，加强对安全行为文化建设的领导，建立和健全科学的、运转有序的安全行为文化建设工作机制。

（2）各单位都要明确负责安全行为文化建设工作的职能部门，制定切实可行的安全行为文化建设规划和工作计划安排，扎实工作，分步实施。

（3）各级领导都应成为安全行为文化建设的积极提倡者、组织者、示范者和实践者，积极推动本单位安全行为文化建设。

4-164　什么是员工安全行为控制？

行为控制是指改变人的不安全行为，控制事故发生。控制论原理主张把控制焦点放在对人员的行为控制上，强调动态安全管理，强化人的安全行为，改变人的不安全行为，是超前有效预防、控制人为事故的根本途径，这与安全管理的人本思想一致。

4-165　员工安全行为控制如何按控制阶段划分？

员工安全行为控制按控制阶段分为：
（1）前馈控制；
（2）同期控制；
（3）反馈控制。

4-166　什么是员工安全行为控制的前馈控制？

前馈控制实际上是一种预防性管理，是以预防事故的发生为中心所进行的管理活动，是安全生产工作的首选做法。在人本思想的指导下，预防性管理的核心是控制人的不安全行为和消除物的不安全状态。前馈控制对人员的管理重点就是如何控制人的不安全行为，就是使人们不要产生那些可能导致违规行为的内在需要和动机，从思想根源上预防违规行为的发生。预防违规行为的动机，关键是要杜绝各种违规诱因。首先要杜绝产生那些自私、狭隘、庸俗、可能产生违规动机的内在需要，进行人员安全培训，提高人员的安全素质，弘扬甘于奉献、正直向上的、符合安全文化建设方向的优良作风。选拔更合适的人员，提拔重用那些真正把安全放在第一位的以及在安全上做出成绩的人员，引导大家来关注安全，重视安全，使人员自觉遵守安全行为规范等，绝不能让那些易导致违规行为的诱因产生。对设备和作业环境的管理重点是消除各种有害因素和危险因素，消除设备与环境系统中各种有害和危险因素。主要包括设备选购、安装、调试过程的安全监督、管理、把关及设备安全防护装置配备情况的检查，设备运行过程中安全状态的检查，设备运行安全操作规程的制定，设备检修过程中的安全生产管理等。作业环境管理具体包括作业环境有害因素及其危害程度的检测、分析评定，作业环境改善与防护技术措施的制定与实施，作业环境布置、有害因素散发情况、采光情况、安全标志等的检查，改善作业环境的设备、设施运行状况的检查等。

4-167 什么是员工安全行为控制的同期控制？

同期控制也称过程控制，"过程"是指项目实施所经过的活动过程，如工程建设过程、作业过程等。过程管理是在加强直接观察的基础上，对过程的程序与内容是否符合安全要求进行排查，对正在进行的活动给予指导与监督，以保证活动按规定的政策程序和方法进行。如建设项目是否执行了"三同时"制度；消除隐患的过程是否按规定的程序进行申报、审批、监督；作业过程是否按标准化作业要求进行，操作是否符合操作指令和标准等，并对活动过程的所有异常予以及时纠正。过程控制包括外部监管和内部监管两方面。外部监管的关键是确保力度，执法必严，违规必究，真正做到落实得下去，严得起来。企业要全面开放安全信息数据，以利于监管部门真正掌握企业安全生产动态。加强内部监督主要应做好两方面工作，即推行科学管理和强化劳动纪律。企业要有效预防违规行为，首先要努力实现从经验管理向科学管理的升级，靠科学管理来夯实安全生产基础。要在生产中大力推行标准化作业，按科学的作业标准来规范人的行为。同时也必须积极强化劳动纪律，通过纪律约束来促使员工按章作业，增强安全意识。

4-168 什么是员工安全行为控制的反馈控制？

反馈控制属于事后控制，即人不安全行为出现以及在不安全行为导致事故后再采取控制措施。它可防止不安全行为的重复出现，但是事后控制的致命缺陷在于事故已经发生，行为偏差已造成损害，并且无法补偿。就整个社会而言，由于生产力所限，有时事故的发生是难免的，因此对已经发生的事故进行控制是经验不足所致的一种不得已的行为，它对防止发生类似事故是非常必要的。违规行为的反馈控制主要是事故管理。事故管理主要是以查找事故原因和制定防范措施为重点，进行事故分析，找出必然性的规律，总结经验教训，完善管理制度，修订作业程序，改进操作方法，防止类似不安全行为的再次发生。

4-169 员工安全行为控制如何按控制对象划分？

员工安全行为控制按控制对象分为：

（1）自我控制；

（2）跟踪控制；

（3）群体控制。

4-170 什么是员工安全行为控制的自我控制？

自我控制，是指人们在认识到自己的意识具有产生不安全行为，导致人为事故发生的规律时，为了保证自身在生产实践中的安全而自觉改变安全行为，防止事故的发生。自我控制是行为控制的基础，是预防、控制人为事故的关键。当发现自己有产生不安全行为的因素存在时（像身体疲劳、需求改变，或因外界影响思想混乱等），及时认识、改变或终止异常的活动。当发现生产环境异常，有产生不安全行为的外因时，能及时采取措施，改变物的异常状态，清除外因影响因素，从而控制不安全行为的产生。个人要了解自己在最近时间里的生物节律状况，及时地调整工作安排。一旦人们能及时清楚地意识到自己所处的周期变化，就可以充分利用它来更加有效地学习、工作和生活。例如，当自己处于高潮期时应该充分利用自己的良好竞技状态，抓紧工作，提高效率，切忌盲目乐观，否则也可能导致事故的发生。当自己处于低潮期或者危险期时，就应该提高警惕，注意身体的调节，注意休息，同时用意志和毅力去加以克服。

4-171 什么是员工安全行为控制的跟踪控制？

跟踪控制，是指运用事故预测法，对已知具有产生不安全行为倾向的人员，做好转化和行为控制工作以及对于已知的易产生人为失误的操作项目进行专门控制。

4-172 员工安全行为跟踪控制有哪些常用方法？

一般跟踪控制的常用方法有：

（1）安全监护。是指对从事危险性较大生产活动的人员，指定专人对其生产行为进行安全提醒、安全监督、转化工作和进行行为控制，防止其不安全行为的产生和导致事故发生。例如，对于新工人通过建立师徒关系监护其操作行为。安全监护可以提醒操作者提前做好安全准备工作，帮助了解危险部位的作业方法，纠正不正确的习惯性操作方式，以及在紧急情况下实施有效救护等。

（2）安全检查。安全检查是指运用人自身技能，对从事生产实践活动人员的行为，进行各种不同形式的安全检查，从而发现并改变人的不安全行为，控制人为事故发生。

（3）生物节律控制。要充分了解员工的生物节律状况，了解员工在最近一段时间体力、情绪和智力变化情况，再根据这些变化合理调度工作和安排作业。处于高潮期的人工作热情高涨，可以解决复杂问题或者在工作中消除危险；处于低潮期的人反应迟钝，应该安排一些清闲或者强度不大的工作；而处于危险期的人三节律波动较大，需要放松，应安排轻松的工作，条件允许应该停止工作至度过危险期。

4-173 什么是员工安全行为控制的群体控制？

群体控制是基于非正式组织成员之间的不成文的价值观念和行为准则进行的控制。

非正式组织尽管没有明文规定的行为规范，但组织中的成员都十分清楚这些规范的内容，都知道如果自己遵守这些规范，会得到奖励。这种奖励可能是得到其他成员的认可，也可能会强化自己在非正式组织中的地位。

如果违反这些行为规范就会遭到惩罚，这种惩罚可能是遭受排挤、讽刺甚至被驱逐出该组织。群体控制在某种程度上左右着职工的行为，处理得好有利于组织目标的实现，如果处理不好会给组织带来很大危害。

4-174 员工安全行为控制如何按控制手段划分？

按控制手段分为：
（1）法规控制；
（2）权威控制；
（3）影响力控制；
（4）技术控制。

4-175 什么是员工安全行为控制的规则控制？

规则控制就是利用政策规范的作用来控制人的不安全行为。通过贯彻落实国家有关安全生产的方针、政策、法规，建立、完善企业的安全生产，管理规章制度，并加强监督检查，严格执行，使人的行为限制在规则框架内。超出规则规定的行为受到约束，从而使不安全行为得到控制。

4-176 什么是员工安全行为控制的权威控制？

权威控制是依靠安全管理者的权威，运用命令、规定、指示、条例等手段，直接对管理对象执行控制管理。要利用权威控制来实现安全，就必须建立完善的安全管理体系，并合理划定不同层次安全管理职位的权力和责任，配备足够的安全管理人员包括专职或兼职安全监察员，并保证安全信息沟通渠道畅通。

4-177 什么是员工安全行为控制的影响力控制？

影响力控制包括领导影响力、群体影响力、社会影响力等。它可以促进团体思想一致、行动一致、避免分裂，使团体作为整体能充分发挥作用，有利于约束和影响人的行为。

4-178 什么是员工安全行为控制的技术控制？

技术控制是指运用安全技术手段控制人的不安全行为。例如，绞车安装的过卷装置，能控制由于人的不安全行为而导致的绞车过卷事故；变电所安装的连锁装置，能控制人为误操作；高层建筑设置的安全网，能控制人从高处坠落等。

4.5 企业安全物质文化

4-179 什么是企业安全物质文化？

企业安全物质文化实际上也称为作业环境安全文化或视觉安全文化。它是指企业在整个生产经营活动中能保护员工身心健康的先进工艺技术、设备设施或机具、安全防护与人机隔离技术、安全保护与连锁装置、安全标志标识、安全展览、作业环境与防护等硬件设施。企业生产过程中的安全物质文化体现在：一是人类技术和生活方式与生产工艺的本身安全性；二是生产和生活中所使用的技术和工具等人造物及与自然相适应有关的安全装置、仪器、工具等物质本身的安全条件和安全可靠性。

4－180 企业安全物质文化建设有何意义？

安全物质文化体现出安全文化的外在物质形象，它是形成安全理念文化和安全行为文化的重要条件，反映出企业安全管理的理念和哲学，折射出安全行为文化的成果。因此，安全物质文化是实现本质安全化的基础，是安全文化建设的一项重要内容。俗话说："基础不牢，地动山摇"，所以在整个安全文化大厦的建设中，首先必须打好安全物质文化这个基础。安全物质文化体现出安全文化的外在物质形象，它是形成安全理念文化和安全行为文化的重要条件，反映出企业安全管理的理念和哲学，折射出安全行为文化的成果。安全物质文化是实现本质安全化的基础。

4－181 企业安全物质文化建设的目标是什么？

企业安全物质文化建设的目标主要是：企业通过安全物质文化建设，建立完善的一套安全物质文化体系，基本实现工艺技术和设备设施（或工器具）本质安全化、安全防护和人机隔离标准化、安全标志与标识规范化、现场定制标准化、作业环境安全化、危险源监控设施标准化、人流与车流及物流都规范有序等，提升设备设施与作业环境本质安全化水平，弥补人为疏漏。

4－182 企业安全物质文化建设有哪些内容？

企业安全物质文化建设的主要内容，是根据安全物质文化的建设要素要求，依据国家和行业制定的相关标准和规范，结合企业实际，将安全物质文化建设分成十项任务来抓，具体为：

（1）工艺先进化建设；
（2）设备设施或工器具本质安全化建设；
（3）安全防护与人机隔离技术完善化建设；
（4）安全标志、标识醒目化建设；
（5）作业环境整洁化、定制管理标准化建设；
（6）人流、车流与物流有序化建设；
（7）危险源识别与分级监控标准化建设；
（8）安全文化走廊建设；
（9）岗位隐患排查规范与整改核销流程建设；
（10）应急设施与装备建设。

要通过不断加大安全科技投入和技术改造，努力提升安全保障水平。

4－183 企业安全物质文化建设的组织领导有哪些内容？

企业安全物质文化建设的组织领导内容主要有：

（1）各单位都要把安全物质文化建设纳入安全文化体系建设的整体规划，加强对安全物质文化建设的领导，建立和健全科学的、运转有序的安全物质文化建设工作机制；

（2）各单位都要明确负责安全物质文化建设工作的职能部门，制定切实可行的安全物质文化建设规划和工作计划安排，扎实工作，分步实施；

（3）各级领导都应成为安全物质文化建设的积极倡导者、组织者、示范者和实践者，积极推动本单位安全物质文化建设。

4-184　企业安全防护装置建设有哪些内容？

企业安全防护装置建设重点是安全防护与人机隔离技术标准化建设。安全防护与人机隔离技术是指各种安全防护设施、人机隔离技术符合国家或行业的相关标准及有关规范规定。其主要内容有：

（1）凡有台阶或阶梯（2级以上）都要设置可靠、有效的防护栏；

（2）凡有平台、走台都要设置防护栏；

（3）凡有沟、井、坑都要设置防护盖板；

（4）凡机械设备的传动、转动部位都要设置防护罩；

（5）凡有高压电气设备、辐射危害设备的周围都要设置防护隔离网。道路旁可能被机动车辆碰撞的设备设施都要设置防护装置；

（6）凡是检修、起吊作业、有落物等危险的作业场所、有物料飞溅的岗位等都要设置隔离带。

4-185　企业安全设备设施建设有哪些内容？

企业安全设备设施建设的重点是设备设施或机具本质安全化建设。设备设施或机具本质安全化是指设备设施或机具加工、制作、使用及维护保养等应符合强制性规范、标准，实现设备设施或机具本质安全化。其主要内容有：

（1）设备设施或机具在设计上或加工制作上要符合本质安全化的要求，确保设备设施或机具从源头上的本质安全化；

（2）设备设施或机具在采购上要符合本质安全化的要求，确保设备设施或机具从采购上达到本质安全化；

（3）设备设施或机具在使用过程中，要强化维护保养工作，确保设备设施或机具的使用安全；

（4）通过技术改造，逐步淘汰落后的、存在安全风险的设备设施，提高在用设备设施本质安全化水平。

4-186　什么是设备的本质安全化？

设备的本质安全化要充分考虑员工的生理和心理特性及对安全的需求以及相互匹配的要求，选用的设备要考虑其安全可靠性。从根本上消除、控制危险及危害因素。设备的本质安全化实质上是指人们在使用设备过程中对设备能量的利用和控制程度，就是使设备能量不产生对人体的伤害。可以定义为"剃须刀"理论，传统的剃须刀刀锋暴露，需有具备一定经验的理发师操作，否则极易划破脸部，后来在刀片两边安装上夹具，操作变得简单，对人的伤害程度受到限制，但稍不注意仍有造成伤害的可能，现在的电动剃须刀，刀片外加上细致结实有弹性的安全网，刀片与皮肤之间有隔层，很难划破皮肤，既是"傻瓜型"又是本质安全型。如果职工使用的设备和工具都具有这种性能，就可以弥补人的失误而造成的事故。保证设备控制过程的本质安全，加强对生产设备、安全防护设施的管理。企业采用的各种设备、设施本身可能因设计、制造、安装、运输和材质等问题，客观上存在着发生事故的可能性，有的虽然符合眼前要求，但随着使用时间的积累，产生磨损老化而留下潜在的危险，致使员工在生产过程中的安全和健康得不到可靠的保障。因此，在安全生产中，生产设备及其体系的安全运转是十分重要的方面。从设备、设施的设计、制造和使用等都考虑其安全防护性能，安全可靠性和稳定性。要认真研究和分析可能会有哪些潜在危险，推测发生各种潜在危险的可能性，并从技术上提出防止这些危险性及控制危险的方法。设备的本质安全化主要表现为自监测、自控制功能，即当超过设计设定的参数值时，设备能够自行监测到可能的变化，按照预先设定的程序处理这些变化的情况。设备及其体系的本质安全化是安全生产的重要保证。

4－187 设备的本质安全化包括哪些内容？

设备的本质安全化的内容包括设备的失误安全功能、设备的故障安全功能、设备的防护功能以及合理的人机界面。

4－188 如何实现设备的本质安全化？

为了做到设备控制过程的本质安全化，要做好以下两点。

（1）要健全设备管理制度，制定"设施完整性配套标准"，统一同类型设备的配套标准，严格规范管理，进行设备的更新改造，使设备的安全性能达到本质安全的要求。

（2）在落实设备维护保养制度的基础上，进行定期的安全检查并及时整改，采用技术检测的方法，消除潜在的不安全因素。这是控制"物"的不安全状态的重要手段。

从人、物、环境系统中来控制安全隐患，关键是领导重视以及机制和制度的保障，通过落实责任、严格考核、环环相扣，形成良好的工作氛围，并持之以恒才能达到安全受控的目标。实现设备控制过程的本质安全化，就要大力推广和开发应用安全新设备、新技术、新产品和先进的安全检测、监测设备，抓设备"正确使用、精心维护、科学检修、技术攻关、革新改造"的同时，也要抓好设备、工艺、电器的连锁和静止设备的安全措施。完善设备、设施的安全防护装置，加强设备、设施的安全检测、检验，抓好大机组、大设备的维护保养及安全部件的管理，对新购置设备安全防护装置的质量要严格把关，提高设备本质安全化水平。

4－189 什么是设备的失误安全功能？

设备的失误安全功能是指系统中的自动保护、自动调节、紧急停车装置等能够发挥作用，设备能够自行纠正和防止这种操作失误的不安全行为，或者设备拒绝执行误操作，使事故得到有效控制的主要方法是耐失误设计。

4-190 什么是耐失误设计？

耐失误设计是通过精心的设计使人员不能发生失误或者发生失误也不会带来事故等严重后果的设计。

4-191 耐失误设计的主要方法是什么？

耐失误设计的主要方法有：
(1) 利用连锁装置防止人失误；
(2) 采用紧急停车装置；
(3) 采取强制措施使人员不能发生操作失误；
(4) 采取连锁装置使人失误无害化。

4-192 什么是设备的故障安全功能？

设备的故障安全功能指设备、设施发生故障和损害时还能维持正常功能或自动转为安全状态。

4-193 如何实现设备的故障安全功能？

在设计中采取安全系数、提高可靠性、冗余设计和安全监控系统。

4-194 在设计中采取安全系数的基本思想是什么？

最早减少故障的方法是在设计中采取安全系数。其基本思想是：把结构、部件的强度设计得超出其必须承受的应力的若干倍，这样就可以减少因设计计算失误、未知因素、制造缺陷及老化等原因造成的故障。也可以通过减少承受的压力、增强强度等办法来增加安全系数。在工程实践中还经常应用安全阀的概念，在系统中增加安全阀是减少故障的必要措施。

4-195 什么是可靠性？

所谓可靠性，即设备、部件等在规定的条件下和规定的时间内完成固定的功能的性能。提高可靠性可以减少故障，在可靠性工程中采取许多办法来减少故障，降低额定值。从广义上讲，"可靠性"是指使用者对产品的满意程度或对企业的信赖程度。而这种满意程度或信赖程度是从主观上来判定的。为了对产品可靠性做出具体和定量的判断，可将产品可靠性定义为在规定的条件下和规定的时间内，元器件（产品）、设备或者系统稳定完成功能的程度或性质。例如，汽车在使用过程中，当某个零件发生了故障，经过修理后仍然能够继续驾驶。狭义的"可靠性"是产品在使用期间没有发生故障的性质。例如一次性注射器，在使用的时间内没有发生故障，就认为是可靠的；再如某些一旦发生故障就不能再次使用的产品，日光灯管就是这种类型的产品，一般损坏了只能更换新的。

4-196　什么是冗余设计？

冗余设计是把若干元素附加于系统基本元素上来提高系统可靠性的方法，附加上去的元素称为冗余元素，含有冗余元素的系统称为冗余系统。冗余系统可分为工作冗余系统和非工作冗余系统。

4-197　冗余设计包括哪些方法？

其方法主要有两人操作、人机并行与审查。

4-198　安全监控系统有什么作用？

安全监控系统是实现本质安全的物质条件。能量意外释放，人进入能量新渠道而受到伤害。预防此类事故，完善能量控制系统最为重要，如自动报警、自动控制，既需要在出现能量释放时立即报警，又能进行自动疏放或封闭。同时在能量正常流动与转换时，应考虑非正常时的处理，及早采取时空与物理屏蔽措施。在生产过程中，利用安全监控系统对某些参数进行监测，以控制这些参数不达到危险水平而避免事故发生。监测只是发现问题，要解决问题必须把监测与警告、连锁或其他安全防护措施结合起来，通过警告可以把危险信息传递给操作者，以便他们采取恰当的措施，通过连锁装置可以停止设备或系统的运行及启动安全装置，限制能量的继续释放。

4-199　什么是设备的防护功能？

设备的防护功能是指设备与人体接触或有可能造成伤害的部位和部件相互之间进行隔离，其作用在于把被保护的人或物与意外释放的能量或危险物质隔开，使其脱离接触，从而得到安全目的。

4-200　设备的防护功能设计应遵循什么原则？

设备的防护功能设计应遵循如下原则：
(1) 消除潜在危险的原则；
(2) 距离防护原则；
(3) 屏蔽原则；
(4) 时间防护原则；
(5) 坚固原则；
(6) 闭锁原则；
(7) 薄弱环节原则；
(8) 警告和禁止信息原则；
(9) 避难与救援。

4-201　什么是消除潜在危险的原则？

消除潜在危险的原则的实质是研制出适应具体生产条件下确保安全的装置，以增加系统的可靠性。即使人已经由于不安全行动而违章操作，或个别部件发生了故障，也会由于该安全装置的作用而完全避免伤亡事故的发生。

4－202 什么是距离防护原则？

距离防护原则是依据生产中的危险和有害因素的作用，依照危险或有害因素随距离的增加而减弱的规律，把可能发生事故而释放出大量能量或危险物质的工艺、设备或工厂等布置在远离人群或被保护的地方。例如，对放射性的防护、噪声的防护等均可应用距离防护的原则来减弱其危害。采取自动化和遥控，使操作人员远离作业地点，以实现生产设备高度自动化，这是今后发展的方向。

4－203 什么是屏蔽原则？

屏蔽原则是指在危险和有害因素作用的范围内设置障碍，以保障人的防护。利用封闭措施可以约束、限制能量意外释放，阻止人进入能量流动渠道，使人与能量产生时空隔离，限制事故的影响以及防止能量与人体接触，为人员提供保护。

4－204 什么是时间防护原则？

时间防护原则的使用有两种情况：
（1）使人处在危险和有害因素作用的环境中的时间缩短至安全限度之内；
（2）采用缓冲方法，使集中释放的能量通过增加能量释放的时间，使单位时间的能量降低，从而减轻能量的伤害作用。

4－205 什么是坚固原则？

坚固原则是指以安全为目的，提高设备的结构强度，提高安全系数，尤其在设备设计时更要充分运用这一原则，例如：起重运输的钢丝绳、坚固性防爆的电机外壳等。

4－206 什么是闭锁原则？

闭锁原则是指以某种方法保证一些元件强制发生相互作用，以保证安全操作。例如，防爆电器设备，当防爆性能破坏时则自行断电；提升罐笼的安全门不关闭就不能合闸开启等。

4－207 什么是薄弱环节原则？

薄弱环节原则是指利用事先设计好的薄弱环节使能量或危险物质按照人们的意图释放，防止能量或危险物质作用于被保护的人或物。薄弱环节原则又称为"接受微小损失"原则。例如，线路上的保险装置、压力管道上的防爆膜等都属于这类技术。

4－208 什么是警告和禁止信息原则？

警告和禁止信息原则是指以主要系统及其组成部分的人为目标，运用组织和技术（如声光信息等，应用信息流）来保证安全生产。

4－209 什么是避难与救援？

避难与救援是指事故发生后应努力采取措施控制事态的发展，但当判明事态已经发展到了不可控制的地步时，则应迅速避难，撤离危险区域。

4-210 如何设计合理的人机界面？

作业人员使用的工器具的人机界面设计不适应操作安全、高效、宜人等要求是引发人们不安全行为的一个重要原因。在我国目前生产安全工器具的企业尚未全面实行产品安全质量认证制度，生产产品的企业对安全工器具人机界面是否适应操作需要的考虑很少，员工在使用过程中感到别扭难受，导致员工不愿意佩带或使用安全工器具。因此要在设备和工具的设计和设置方面依据人体人机学参数和心理学参数更好地在人机之间合理分配功能，注重人性化设计，使之设计出最符合人操作的机器，最合适的工具，最方便的操作器，最醒目的控制盘，最舒适的座椅，使人和机有机地结合和协调，使机械和工具最大限度地为人提供安全卫生、舒适和方便的环境和条件，保障人健康、愉快生产的目的。同时要使操作设备和使用工器具的人具有必要的安全知识，熟练掌握操作技能，熟悉设备性能和原理，有效发挥人的作用。

4-211 什么是工艺技术本质安全化？

企业安全生产工艺的重点是工艺技术本质安全化建设。工艺技术本质安全化是指所采用的生产工艺技术措施应符合国家和行业制定的强制性规范、标准，以实现工艺过程的本质安全化。

4-212 什么是工艺过程的本质安全化？

工艺过程的本质安全，主要指对生产操作、质量等方面控制过程的本质安全。

4-213 工艺过程的本质安全化体现在哪些方面？

具体如下：

（1）要求操作者不仅要熟悉物料、原料的性质，还要掌握正确控制这些物料和原料的各项参数，明确控制过程的各种步骤、方法、措施和规定，同时管理者还应当制定控制过程管理的方法、标准、措施等。

（2）工艺过程的本质安全化还表现为物流和人流的通畅有序，各工序之间的紧密衔接，任何工序不可相互脱节和不可超越错位。即每个工序之间的先后顺序是固定的，环环相扣，节节相连，不完成前一个顺序则无法进入下一道工序，这种固定的方法一种是靠人为的设定，适用于对同一操作对象有多个操作者的情况，即由每一个人只承担某一部分的任务，每个人之间相互按顺序衔接，后一个人是前一道工序的承接者又是验收者，前一道工序未完成或完成质量达不到要求，则下一工序就不进行。例如，煤炭行业的三人连锁放炮就属于这一类。一种是采用系统的设定，如两道风门之间的连锁，一道风门不关闭，则另一道风门无法打开。

4-214 工艺过程的本质安全化的内容是什么？

工艺过程的本质安全化的内容包括管理标准化、现场标准化、操作标准化、生产秩序化等。

4-215 什么是管理标准化?

管理标准化是工艺过程本质安全化的基础,安全管理标准化的基本特征是科学化、程序化、网络化,要求安全基础管理扎实,规章制度齐全,原始记录准确。用这些制度和基础资料记录来教育、规范、约束每一个员工的行为准则和道德观念,提高每个员工的安全意识,将管理制度落实到每个员工、落实到现场,使员工的行为更规范、更标准,从而有效地将安全生产管理工作提到"事前预防型"上来,达到预防效果。使管理者在安全管理活动中必须按照法律、法规和管理制度去管理,用制度去约束人,减少管理过程中的随意性。通过严格的管理,有效的约束,不断提高职工的安全生产意识和操作技能,规范职工的操作行为、做到"我要安全"、"我会安全"、"我能安全",按标准作业、按程序操作,有效地减少不安全行为的产生。管理标准化建设是企业安全生产工作从传统管理模式向科学的安全管理模式的转变,是提高企业整体素质和综合管理水平的一项系统工程,是提高企业的综合管理水平的有效手段。管理标准化的内容十分广泛,包括企业管理的方方面面,如企业安全决策标准化、安全检查标准化、检查内容标准化、检查方法标准化和考核标准化和资料管理标准化等。

4-216 什么是现场标准化?

现场是生产的场所,是职工生产活动与安全活动交织的地方,也是出现伤亡事故的源地。现场标准化主要强调生产作业现场的管理,要求工作现场按国家标准,实现文明、卫生、整洁,各种安全标志、标语齐全醒目,各种信号、保险防护、警报装置齐全可靠,安全通道畅通,给工人创造一个舒适良好的工作环境,它能随时提醒、激发人的安全生产自觉性,也能防止人失误带来的种种危害。现场标准化既要求全员参与,善于发现和处理问题,又要求建立起一定的规范化管理制度,创造舒适的生产作业环境,实现文明生产。具体包括以下四个方面:

(1) 实现定置管理;

(2) 实行三点控制法;

(3) 规范设备、设施的安全装置;

(4) 净化、美化和亮化工作环境。

4-217 什么是操作标准化?

操作标准化是安全生产标准化的核心。所谓操作标准化,就是在作业系统调查分析的基础上,将作业方法的每一操作程序和每一动作进行分解,以科学技术、规章制度和实践经验为依据,以安全、质量效益为目标,对作业过程进行改善,逐步达到安全、准确的作业效果。严格执行操作程序标准化的过程,是对职工进行教育和自我教育的过程,是提高职业操作技能和安全素质的过程,它不同于以往要求工人简单地遵守安全操作规程,而是将工人在进行某项操作时的程序与动作,用行为科学的方法使人机环境三者关系达到最佳状态,最终达到安全生产的目的。操作标准化要求各个生产岗位、生产环节的安全质量工作,必须符合法律、法规、规章、规程等的规定,达到和保持一定的标准。通过大力开展这项活动,促使采取科学的管理方式和手段,采用科技含量较高、安全性能可靠的新技术、新工艺、新设备和新材料，提高抵御事故风险的能力，使企业生产始终处于良好的安全运行状态，推动企业质量上台阶，安全创水平。操作标准化的基本要求是分工专业化、工序标准化、操作程序化、质量精细化和考核数值化。

4－218　操作标准化包括哪几个要素？

操作标准化包括五个要素：

（1）操作者。即作业者及其具有的技能；

（2）操作环境。即限量的时间和空间；

（3）操作对象。即使用的设备、工具及被操作的物体；

（4）操作培训。即工艺流程、工序标准；

（5）操作任务。即限定的操作数量和任务。

4－219　操作标准化的主要功能是什么？

操作标准化的主要功能是：

（1）能有效地控制人的不安全行为。生产作业过程中，必须有效地控制自由度极大的人。因为人是客观事物的主体，人的不安全行为是诱发事故的主要原因。操作标准化，把复杂的管理和操作过程融为一体，能有效控制、约束、规范人的行为，从而把人的失误降低到最低程度。

（2）能有效地控制"违章"现象的产生。操作标准化把企业各项安全要求优化为"管理标准、技术标准、工作标准"，并在作业单元上严格规定了操作程序、动作要领。把整个作业过程分解为既互相联系，又相互制约的操作程序，把人的行为限制在动作标准之中，从根本上控制违章作业，保证作业人员上标准岗、干标准活，从而制约侥幸心理、冒险蛮干的不良现象。操作标准化是以人性化为前提，使其工作流程化、系统化、系统合理化为基础，以对标纠偏为常态，实现标准操作。

4－220　什么是生产秩序化？

生产秩序化是指按照规定的程序组织生产。要求各个生产环节井然有序，各个部门、单位配合默契、协调有力，业务间流程通畅，工序间衔接合理，实现正规循环。

4－221　企业减灾应急设施建设应满足什么要求？

应急设施与装备是安全物质文化不可或缺的重要组成部分，矿山井下以及各危险化学品生产、储存、使用等高危行业单位要根据本单位实际，建设必要的设施和应急装备、器材。要加强对应急设施、装备的日常保养、维护等管理，保证其任何时候都处于完好、可用状态。

4－222　企业安全防护器材包括哪些种类？

企业安全物质文化包含整个生产经营活动中所使用的保护员工身心安全与健康的工具、原料、设施、工艺、仪器仪表、护具护品等安全器物。企业安全防护器材种类繁多，例如：

（1）护具护品，如防毒器具、护头头盔、防刺切割手套、防化学腐蚀毒害用具、防寒保温的衣物、耐湿耐热的防护服装、防核辐射的特制套装。

（2）安全生产设备及装置，如各类超限自动保护装置；自动引爆装置；超速、超压、超湿、超负荷的自动保护装置等。

（3）安全防护器材、器件及仪表，如阻燃、隔声、隔热、防毒、防辐射、电磁吸收材料及其检查仪器仪表等；本质安全型防爆器件、光电报警器件、热敏控温器件、毒物敏感显示器件。

（4）监测、测量、预警、预报装置，如水位仪、泄压阀、气压表、消防器材、烟火监测仪、有害气体报警仪、瓦斯监测器、雷达测速、传感遥测、自动报警仪、红外控测监测器、音像监测系统等；武器的保险装置、自动控制设备、电力安全输送系统。

（5）其他安全防护用途的物品，如微波通信站工作人员的防护，激光器件及设备的防护，乃至保护人们的衣食住行、娱乐休闲安全需用的一切防护物件及用品；防化纤织物危害的保护剂，消除静电和漏电的设备，防食物中毒的药品，防增压爆炸、防煤气浓度超标自动保护装置；机床上转动轴的安全罩、皮带轮的安全套、保护交警和环卫工人安全的反光背心，保护战士和警察安全的防弹服等。还有其他一些研制或开发的新型护品、护具、设备、器具、材料、物品等。

4－223 安全标志、标识、提示规范化建设的主要内容是什么？

安全标志、标识、提示规范化建设主要内容为：

（1）根据国家标准或行业标准，以及企业规章制度要求，结合生产现场安全警示、提示需要，在所有生产场所和具有一定危险性的区域都应设立规范的安全标志、标识，已警示或提醒员工遵章守纪。

（2）依照国家安全标志、安全色等有关标准，设计、制作各类安全标志、标识牌，并严格按照规范要求进行现场设置，起到警示明显、标志标识规范、提示温馨的作用，塑造出良好的视觉文化氛围。

（3）要加强安全标识、标志、提示标牌的现场管理，定期开展专项检查，对设置漏项、损坏的安全标志标识，及时维护和更新。

4－224 作业环境整洁化、定制管理标准化建设的主要内容是什么？

作业环境整洁化、定制管理标准化建设主要内容为推行 7S 管理，即：整理（Seiri）、整顿（Seiton）、清扫（Seiso）、清洁（Seiketsu）、素养（Shitsuke）、安全（Safety）、学习（Study）。注：前 5 个单词是日语外来词，在罗马文拼写中，第一个字母都为 S，所以日本人称之为 5S。近年来，随着人们对这一活动认识的不断深入，有人又添加了 2S，实现作业环境整洁化、定置管理标准化。实施 7S 管理要着眼于每个人、每一班、每件事、每一处，以 7S 管理标准为尺度，实现作业环境整洁化、定置管理标准化。按照现场文明生产要求，及时清理、整顿、清扫，不断改善劳动条件和作业环境，做到安全生产、文明生产、清洁生产，逐步实现人机环境整体优化和本质安全化。

4－225 人流、车流与物流有序化建设的主要内容是什么？

人流、车流与物流有序化建设主要内容为：

（1）凡是有起重设备和车辆通行的厂房内都要划分吊运作业区域、物料存放区域、人行安全通道和机动车辆通道，做到人流、车流与物流规范有序。

（2）厂（矿）区道路划定人行通道、车辆通道以及斑马线。

（3）明确安全区域和危险区域，并对危险区域实施特殊管理。

（4）在厂区道路及交叉路口画斑马线，对道路旁可能被机动车辆碰撞的设备设施设置防撞装置；通过加装隔离带和广角镜等措施，最大限度地消除道路安全隐患。

4-226 危险源辨识和分级监控标准化建设的主要内容是什么？

危险源辨识和分级监控标准化建设主要内容为：

（1）按照国家危险源辨识标准或方法，划定危险源识别单元，并研究分析可能产生的危险后果，制定科学的监测监控措施，制作成板面悬挂岗位，并实施重点监控。

（2）对识别出的危险源按照危害范围和严重程度，实行厂（矿）、车间（工区）、班组和岗位四级监控管理，定期进行检查，确保危险源处于受控状态。

4-227 安全文化长廊与安全文化教育展览室建设的主要内容是什么？

安全文化长廊与安全文化教育展览室，是安全物质文化建设的重要组成部分，各单位要把安全文化长廊与安全文化教育展览室建设，作为一项重要工作来抓。安全文化长廊与安全文化教育展览室建设主要内容为：

（1）要在排班时、工作休息等场所建设安全文化专栏，让干部员工在工作中感受到文化的熏陶。

（2）在会议室、员工洗浴等公共场所，设置以安全法律法规、安全理念、安全承诺、安全漫画、安全警句等为主要内容的安全板面，图文并茂，在潜移默化中影响员工的安全意识、安全态度。

4-228 岗位隐患排查规范与整改核销流程建设的主要内容是什么？

岗位隐患排查规范与整改核销流程建设主要内容为：

（1）按照"无隐患、零违章，实现零伤害"活动要求，分别以厂（矿）、车间（工区）、班组、岗位为单元，从物的不安全状态、人的不安全行为、环境因素和管理缺陷四个方面，对照设计规范标准，对每个岗位、每一台设备、设施、每一步操作进行全面排查调研，了解和掌握可能导致人身伤害的危险岗位、危险设备、危险作业，进行登记，并将隐患进行分类、分级编码管理。

（2）建立岗位隐患排查规范与整改核销流程，引进和开发事故隐患管理信息系统，在隐患分类、分级编码的基础上，创建事故隐患管理系统平台，同时完善五级安全检查工作体系，强化隐患排查和治理工作，使其隐患排查与治理工作走向流程化、规范化、制度化轨道。

4-229 实现企业本质安全化有哪些基本途径？

工业生产是一套人、机、环境系统。系统因素合理匹配并实现"机宜人、人适机、人机匹配"，可使机、环境因素更适应人的生理、心理特征，人的操作行为就可能在轻松中准确进行，减少失误，提高效率，消除事故。实现企业本质安全化的基本途径主要有系统追问、系统安全、因子整合。

4-230 什么是系统追问？

系统追问就是通过对隐藏于事物内部的影响安全的本质内容通过不断地揭示，发现其最实质的问题而不断加以解决的方法，其思维方式主要是针对安全工作的客观对象不断提出"会怎样"、"何问题"、"为什么"、"怎么办"等一系列问题。并对问题进行"剥洋葱"式的层层追问，找出本质原因，并将这些原因进一步划分为可控与不可控，进一步追问可控因素为何失控，不可控因素如何才能实现可控等，进行不断地探索解决，从而提高系统的本质安全性。

系统追问，立足于系统，形成于追问。系统追问立足于人的主动思考。人是本质安全文化建设中的骨干要素，也是最具有活力的要素。追问的程度愈大，人的思考判别度也就愈强。不断锤炼思考的能力会使下一步的追问具有更高的质量，更接近于问题的本质。不断递进的系统追问会为本质安全文化建设提高渐进渐强的不竭动力。系统追问强调以系统为平台。可以由系统的任意一个安全导入点导入，对包括人、机、物、环境、制度、管理等各系统相互交融的大系统进行探索，不断发现，不断追问和不断解决。系统追问可有效调动全员参与意识，随着追问的深入，每一个安全元素又会引出更多的安全元素点，层层追问，逼近本质，点点相连，连点成面。会调动越来越多的人参与其中，参与程度越高，本质安全化的认同和实现程度越高。

4-231 什么是系统安全？

当研制新产品、新设备或设计建造新设施时，为了使之具有理想的安全性，传统的做法是采用"试错法"，通过多次试验，不断暴露问题，从中弄清存在的危险。再通过修改和完善设计，消除或控制危险，以达到人们预期的安全性。"系统安全"要求在系统寿命周期的所有阶段，应用专门的技术和管理技巧，系统地、有预见地识别和控制危险。要求在系统的初始设计阶段就着手进行安全性分析和危险控制，并一直延续到随后的设计、生产、试验、使用和废弃处理的各阶段中。"系统安全"的核心是通过安全性分析和危险控制，使系统获取最佳的安全性。为了实现这一目标，需要专门的技术方法——"系统安全工程"，用于识别、分析和控制危险；专门的管理措施——"系统安全管理"，用于保证"系统安全工程"的实施和实现其目标。应用系统安全提高设备、设施和产品的安全性，使其在生产、试验、使用和废弃处理等阶段都是安全的，这对于改善安全状况极其重要。

4-232 因子整合包括哪些内容？

因子整合包括以下内容：
（1）责、权、利的整合；
（2）知识、意识、行为的整合；
（3）人、物、环境的整合；
（4）情形、因果、对策的整合。

"四组整合"相互关联，同在一个管理平台上，没有轻重之分。如果片面强调某组整合，就达不到应有的效果，难以实现安全。

4-233 什么是责、权、利的整合？

责、权、利的整合是人的本质安全化的一个重要组成部分。责任是界定权力和利益的核心标准，通过责任的落实，保证安全法律法规以及安全制度等落实到安全操作的每一个环节，产生落实的压力。而安全工作仅仅有压力是不足以实现的，必须有相应的动力，这个"动力"就是利益，利益是激发安全行为积极性的促进因子。不论责任的落实还是动力目标的实现，均需要一定的方式方法和一定的手段，这些方式、方法和手段均来自于权力，权力是产生"动力"的能量。因此，责任、权力、利益的整合是实现安全的一个重要方面。如果责、权、利分离和脱节，就会造成行为与安全目标之间的游离，造成机制上的不协调，降低安全保障系数。

4-234 什么是知识、意识、行为的整合？

安全意识是安全知识在人的头脑中的反映，在行为上表现为动态。一个人如果缺乏安全知识，安全行为就失去根据，就无法规范，就不能正确履行安全职责，想安全而不会安全。所以在有安全意识的前提下，必须要有安全的知识与行为的实现。

4-235 什么是人、物、环境的整合？

人是确保安全的关键因素。如果离开了人的作用，各种因素整合得再好，也是不能实现安全的，在人的安全因素保证后进一步实现物在一定时空范围内安全有序及人与物的协调，才能保证安全。

4-236 什么是情形、因果、对策的整合？

情形就是环境条件。因果需要分析研究，其主要任务是根据情形状态，按照活动的需要，结合安全技术的改进和新成果，做出安全保障的对策。情形为分析研究提供依据，分析研究因果是为了采取对策，确保人们活动安全有序进行。为了确保人们活动全过程的安全，必须透彻地把各种情形、因果纳入对策范围，以免临阵时采取补救措施。

4-237 安全防护与人机隔离技术标准化包括哪些内容？

具体如下：

（1）皮带安全防护与人机隔离。

（2）传动、转动设备安全防护与人机隔离，如所有机械设备的传动、转动部位都要设置防护罩。

（3）电气设备安全防护与人机隔离，如所有高压电器设备、辐射危害设备的周围都要设置防护隔离网。

（4）平台、走台与阶梯规范化。例如，所有台阶或阶梯（2级以上）都要设置可靠、有效的防护栏；凡是有平台、走台都要设置防护栏；所有沟、井、坑都要设置防护盖板。

4-238 人流、车流与物流有序化包括哪些内容？

人流、车流与物流有序化内容包括：凡是有起重设备和车辆通行的厂房内都要划分吊运作业区域、物料存放区域、人行安全通道和机动车辆通道，做到人流、车流、物流规范有序；厂（矿）区道路划定人行通道、车辆通道以及斑马线；明确安全区域和危险区域，并对危险区域实施特殊管理。

4-239 危险区域或危险岗位"红区"控制模式包括哪些内容？

对关键岗位实施"红区"管理。对冶金炉窑排放岗位、涉氯区域等高危作业区通过封闭、安全告知、修订准入条件、制定管理制度等措施，禁止非岗位人员进入，规定岗位人员有条件进入，最大限度地减少员工与危险源的接触。

4-240 厂区"三区"控制模式包括哪些内容？

冶炼、化工等单位实行科学划分危险区、相对危险区和安全区，实施"三区"（即：厂区、作业区、关键工艺变量区）控制和封闭、危险因素告知和准入制度以及红区报警，明确安全要求，减少人员与危险源的接触，杜绝违规违章。

4-241 防撞装置规范化包括哪些内容？

在厂区道路及交叉路口画斑马线，对道路旁可能被机动车辆碰撞的设备设施设置防撞装置；通过加装隔离带和广角镜等措施，最大限度地消除道路安全隐患。

5 企业安全文化建设方法

5-1 企业安全文化建设有哪些途径？

具体如下：

（1）班组及职工的安全文化建设。

（2）管理层及决策者的安全文化建设。

（3）生产现场的安全文化建设。

（4）企业人文安全环境文化建设。

5-2 如何进行班组及职工的安全文化建设？

具体如下：

（1）实用的手段和方式是"四新员工"三级教育（333模式）、高危险作业岗前教育、日常教育活动、标准化岗位和班组建设、技能演练、二不伤害活动、现场定置管理、"6S"活动等。

（2）现代的手段和方式包括班组长素质工程、员工素质工程、"三群"（群策、群力、群管）对策、班组建小家活动、"绿色工位"建设、事故判定技术、危险预知活动、风险报告机制、家属安全教育、亲情教育、"仿真"（应急）演习等。

5-3 如何进行管理层及决策者的安全文化建设？

具体如下：

（1）实用的手段和方式是全面安全管理、"四全"安全活动、责任制体系、三同时、五同时、三同步、监督制、定期检查制、有效的行政管理手段、常规的经济手段、岗位责任制大检查等。

（2）现代的手段和方式有三同步原则、三负责制、意识及管理素质教育、目标管理法、无隐患管理法、系统科学管理、人-机-环设计、系统安全评价、动态风险预测模式、应急预案对策、事故保险对策、三因（人、物、环境）安全检查等。

5-4 如何进行生产现场的安全文化建设？

具体如下：

（1）实用的手段和方式有安全标语（旗）、安全标志（禁止标志、警告标志、指令标志）、事故警示牌等。

（2）现代的手段和方式有技术及工艺的本质安全化、现场"三标"建设、车间安全生产正计时、三防管理（尘、毒、烟）、四查工程（岗位、班组、车间、厂区）、三点控制（事故多发点、危险点、危害点）等。

5-5 如何进行企业人文安全环境文化建设?

具体如下:

(1) 实用的手段和方式有安全宣传墙报、安全生产周(日、月)、安全竞赛活动、安全演讲比赛、事故报告会等。

(2) 现代的手段和方式有安全文艺(晚会、电影、电视)活动、安全文化月(周、日)、事故祭日、安全贺卡(个人)活动、安全宣传的"三个一工程"(一场晚会、一幅新标语、一块墙报)、青年职工的"六个一工程"(查一个事故隐患、提一条安全建议、创一条安全警语、讲一件事故教训、当一周安全监督员、献一笔安措经费)等。

5-6 如何开展定期或非定期的企业安全文化建设实践活动?

企业安全文化建设实践模式还可采取定期或非定期的活动方式来组织,如定期的安全文化建设可设计成事故防范活动、安全技能演习活动、安全宣传活动、安全教育活动、安全管理活动、安全文化建设活动、安全科技建设活动、安全检查活动、安全报告活动、安全审评活动。在实际组织时,每种模式可采用定期组织操作或非定期组织操作的方式进行,如定期组织操作,就可能成为安全宣传月、安全教育月、安全管理(法制)月、安全活动月、安全科技月、安全检查月、安全总结月等。

5-7 如何体现企业安全管理制度的可操作性和时效性?

制度应具有可操作性,要结合具体的生产实际,以简洁、准确的语言进行编写,以便于执行者能准确理解制度,正确执行和落实制度;制度要根据国家法律法规、地方性法规、行业法规、先进的管理方法、先进技术、事故教训以及生产实际的变化或更新及时进行修订,使制度实时都能与生产管理实际相适应,确保其实效性。

5-8 企业应建立什么样的安全运作机制?

安全运作机制是"安全来自规范,安全来自细节"。规范是对于员工的要求,员工应遵守这些规范,只有遵守规范才能减少事故。细节决定成败,很多事故的发生都是来自于很小的失误,小的失误看起来对于安全没有什么影响,但是一旦扩大后果不堪设想,所以避免事故应从小处开始。

5-9 什么是本质安全型员工?

本质安全包括了两个方面的意思:一方面是故障安全,就是在出现故障的情况下能够避免事故的发生;另一方面是失误安全,是在出现操作失误的时候,可以避免发生事故。而这些都是对于机器而言的,对于人而言的本质安全,是来自于员工内心的安全意识,需要员工从我要安全到我会安全,从我会安全到我能安全的积极转变,只有这样才能成为本质安全型的员工。

5-10 什么是本质安全型企业?

要建立本质安全型企业就应该做到企业构成的所有要素中都达到了本质安全,人员是本质安全的人员，设备是本质安全的设备，操作环境是本质安全的环境。只有企业中的所有构成要素都达到了本质安全，企业才真正达到了本质安全的企业，才能真正避免伤亡事故的发生，减少财产的损失。

5-11 企业安全文化内部建设的重点是什么？

企业安全文化建设的难点是执行层，目标是现场员工素质，关键是班组安全文化。企业安全生产的最终归宿是班组、是员工，安全生产的目标是为了企业员工的生命安全和健康保障，企业安全生产的实现最终要落实到现场单元作业，要依靠班组和员工的安全操作来实现。因此，企业安全文化建设的归宿，必须是也必然是"依靠员工、面向岗位、重在班组、现场落实"。因此，企业安全文化建设要遵循"员工为本、岗位为标、现场为实、班组为主"安全生产保障原则，努力实践"夯实安全生产基础，注重班组安全建设，持续提升现场执行力"的企业安全文化建设目标。所以企业安全文化内部建设的重点应该放在班组安全文化建设上。

5-12 安全文化的奖惩系统对构建企业安全文化有何作用？

安全文化的奖惩系统从精神、物质和信息三个方面详细考虑企业安全文化的激励问题，建立科学的安全生产奖惩机制。它从人的安全态度转变的角度激发员工对安全工作的自觉性、主动性和创造性。

5-13 安全文化的标准系统对构建企业安全文化有何作用？

标准化系统是指组织为有效实现目标，对组织的活动及其成员的行为进行规范、制约与协调，而制定的具有稳定性与强制力的规定、规程、方法与标准，将职能与职权明确化、具体化、规范化、制度化。标准化系统作为一种行为规范，是评价、监督和纠正生产者、管理者安全行为的尺度，具有规范企业生产活动的功能，为人们提供某种行为模式，指引人们可以这样行为、必须这样行为或不得这样行为，从而对人们的行为产生影响，使员工在内心中确立安全生产的信念，从而使标准化系统实现从外在向内在的转化，形成遵守规则的习惯。

5-14 安全文化的榜样系统对构建企业安全文化有何作用？

安全文化的榜样系统是指树立安全生产英雄人物，总结企业安全文化的故事，为企业安全文化的管理实践提供解释和支持，例如企业的安全生产先进等。中国的传统文化推崇榜样，企业需要榜样的力量。对企业员工在安全生产中的模范行为的总结和提高，是对企业安全价值观的实际体现，是企业安全文化的人格化，便于所有员工学习和模仿。

5-15 安全文化的领导承诺系统对构建企业安全文化有何作用？

安全文化的领导承诺系统是企业领导做出的与安全问题相关的承诺及促进领导兑现承诺的若干政策构成的系统，它反映在各方面，例如设备保障、安全培训、工作计划制订等。领导对安全问题进行承诺可以反映出高层管理者积极向更高的安全目标前进的态度，企业领导在改进企业安全文化过程中发挥着重要的作用。领导的言行能够有效激发全体员工持续改善安全的积极性。

5－16　安全文化的传播系统对构建企业安全文化有何作用？

安全文化的传播系统，是指安全管理人员向员工传递安全信息的传播网络。通过传播网络对信息的传播，有利于员工更新知识，转变观念，有利于调动员工参与企业管理和决策的积极性，在工作中相互理解、达成共识，协调各部门、各机构之间的关系，促进企业安全生产工作的整体发展。

5－17　安全文化的反馈系统对构建企业安全文化有何作用？

安全文化的信息反馈系统是为员工向上级或负责人反映在企业安全生产或安全管理活动中所存在的问题而建立的信息交流系统。反馈系统是领导与员工沟通的重要途径。从信息论和控制论角度看，没有信息反馈就没有控制。信息反馈做得好能调动员工的积极性，做得不好会使员工积极性受到打击。鼓励员工参与企业安全文化的反馈系统建设，让员工认识到自己在企业安全生产中的重要地位，有利于安全价值观的改变。

5－18　安全文化的自愿报告系统对构建企业安全文化有何作用？

自愿报告系统与反馈系统相似，都是员工向上级领导反映安全信息的系统，同样有利于领导与员工之间信息的交流，有利于员工参与到企业的安全生产实践中，是促进员工安全价值观的重要途径。不同的是，自愿报告系统的任务是收集来自企业从业人员以及其他相关人员针对涉及生产运行过程中不安全事件或者当前安全系统中存在的及潜在的矛盾和不足之处自愿提交的不安全事件和安全隐患报告，其目的是及时发现安全系统运行的隐患和薄弱环节，分析行业安全的整体趋势和动态，为企业安全管理提供决策支持。

5－19　安全文化的活动系统对构建企业安全文化有何作用？

安全文化的活动系统，是一种通过各种文化活动促进安全文化发展的系统，是必不可少的企业安全文化建设手段。通过开展多种多样的企业安全文化活动，职工在自娱自乐过程中，自我教育，自我调节，沟通思想，融洽关系，能够取得潜移默化、润物无声的良好效果，容易得到职工的理解和参与，其目的都是通过有形的安全文化活动，让员工能更深刻感受到企业安全文化的内涵，强化企业的安全文化理念，使企业更有凝聚力。

5－20　安全文化的员工授权系统对构建企业安全文化有何作用？

员工授权是指将高层管理者的职责和权利以下级员工的个人行为、观念或态度表现出来。员工得到授权，对特殊情况做出快速反应，就有更大的可能在短暂的"关键时刻"采取补救措施。员工授权意味着员工可以发起并实现对安全的改进，为了自己和他人的安全对自己的行为负责，并且为自己的组织绩效感到骄傲。授权的文化可以带来员工不断增加的改变现状的积极性，这种积极性可能超出了个人职责的要求，但是为了确保组织的安全而主动承担责任。

5－21　安全文化的学习系统对构建企业安全文化有何作用？

安全文化的学习系统，它整合了组织中的个体学习，在企业中不断获取、创造、交流、共享知识，使企业安全观念、安全行为、安全绩效得到明显的改善，提高企业员工的整体水平。通过持久地学习，员工不断地改变自身，实现个人、企业的发展目标。而且在学习过程中，不断地培养员工主动学习。

5－22　为什么要搞好车间安全文化建设？

车间是安全文化建设的中间载体，在企业安全文化建设中发挥着连接与引导班组安全文化建设的作用，车间安全文化建设的好坏可以直接影响到班组安全文化建设，班组安全文化的建设又是安全文化建设的细胞。企业安全文化建设往往是把持住一个安全文化建设的大方向，由这个大方向开始向下，逐步深入，逐步细化，最后形成一个成型的安全文化系统，所以要搞好整个企业安全文化建设，车间安全文化建设是关键的环节。

5－23　如何搞好车间安全文化建设？

搞好车间班组安全建设，是强化员工安全意识、增强员工安全素质的有效载体，是一种潜移默化提高员工安全技术水平的重要形式之一。要搞好车间安全文化建设，应做到以下几点：

（1）要有组织保证。企业领导要高度重视，为车间安全文化建设创造条件；车间领导要大力支持，为车间安全文化建设出谋划策；安全部门要具体指导，为车间安全文化建设提供帮助。要从组织上为班组安全文化建设顺利进行提供可靠保证。

（2）要营造安全文化氛围。营造良好的学习氛围，是搞好车间安全文化建设的重要环节。车间不仅是完成任务的单元，也是孕育企业文化的中间环节。车间成员在实际操作中的成功经验、失败教训、亲身感悟、点滴体会是形成车间安全文化的素材与源泉。因此，车间领导应注意总结和引导。

（3）要形成正确的安全理念。车间安全文化建设是通过动员全车间人人讲，个个想；说身边的人，写身边的事；开展安全评估、安全征文、安全演讲，开展危险点排查、事故原因分析、生命价值研讨等形式，让员工认清安全源于警惕、事故出于麻痹，认识到发生事故对己、对人、对家庭、对企业、对国家不利的道理，不断由浅入深形成安全文化理念。

（4）要强化安全文化意识。车间主任要在实际工作中细心观察车间人员的动感激情，注意从动感上寻思、伤感上找源。在引导车间员工吸取教训、制定防范措施的基础上，按照短、明、快的要求，形成适应本车间岗位的安全文化格言、警句、诗歌、顺口溜，绘制班组安全标志、图案强化员工的安全意识。牢固构筑车间人员安全思想防线，实现班组安全目标。

（5）安全文化要强调创新。车间安全文化建设是一个动态过程，受车间人员文化结构和素质的制约和影响，并根据科学发展而发展、技术进步而进步、工艺变化而变化。只有与时俱进、创新发展、丰富内涵才能保持顽强的生命力和完整的个性特征。

5-24 为什么说班组是安全生产之基？

任何企业的安全生产管理都存在着不同层次的结构，如分为四个层次：公司级、分公司（分厂）级、车间级、班组级。不同层次的安全生产任务及其功能是不同的。

（1）公司层：负责机制建设、制度建设、监督检查、督导服务。

（2）分公司：负责落实法规、制定操作规程、落实"三基"，即基层、基础、基本功，以及责任制建设、干部规范管理。

（3）车间：负责现场管理、班组长培训、员工培训、规范检查。

（4）班组级：负责民主参与、岗位管理、遵章守纪、有效执行。

显然，班组是安全生产的执行层，抓好班组安全建设，夯实安全生产基础，使事故预防能力体现在基层，这是企业确立的长期安全生产工作战略。决定一个企业安全生产状况的因素，既要认识技术因素、环境因素，更须依靠人的因素，企业安全生产的最终归宿是班组、是员工，安全生产的目标是为企业员工的生命安全和健康，而安全生产的实现最终要落实到现场单元作业上，要依靠班组和员工的实际操作；员工的安全素质决定企业安全生产的命运，班组的安全生产状态决定着企业安全生产效益，员工和班组是安全生产管理木桶理论的"最短板"。在此认识基础上，企业应该制定"夯实安全生产基础，注重班组安全建设，保障生产效益稳定发展"的安全生产战略目标，确立"依靠员工、面向岗位、重在班组、现场落实"的安全系统工程工作思路。

5-25 为什么说班组是事故之源？

通过对生产企业所发生的大量事故资料进行统计分析表明：98%的事故发生在生产班组，其中84%的事故原因直接与班组人员有关。安全生产的好坏是企业诸多工作的综合反映，是一项复杂的系统工程，只有领导的积极性和热情不行，有了部分职工的积极性和热情也不行，因为个别职工、个别工作环节上的马虎和失误，就会把企业的安全成绩毁于一旦。这就是安全管理工作的难度所在。因此，必须把眼睛盯在班组，工夫下在施工现场，措施落实在岗位和具体操作人上。因此，可以说班组是企业事故发生的根源，这种根源是通过班组员工的安全素质、岗位安全作业程序和现场的安全状态表现出来的。

由于习惯性违章作业不一定都造成事故，即使造成事故也不一定会造成重伤和死亡，而且违章行为有时会给违章者带来某些"效益"，如省时省力。所以，违章人在主观上并不认为自己的行为是违章，相反却认为自己是正确的。因此，各级安全管理人员只有不懈地努力纠正违章，对每一次违章都小题大做，才能做到未雨绸缪。

5-26 为什么说班组是安全之本？

企业的班组是执行安全规程和各项规章制度的主体，是贯彻和实施各项安全要求和措施的主体，也是成为杜绝违章操作和杜绝重大人身伤亡事故的主体，企业的各项工作，千头万绪，而最终都要通过班组和每个员工去落实，去完成。

生产班组是安全生产的前沿阵地，班组长和班组成员是阵地上的组织员和战斗员。在生产过程中，安全与生产发生矛盾屡见不鲜，能否处理好安全与生产的关系，关键在班组。工程质量的好坏取决于班组；不安全因素能否及时消除也在于班组。尤其是当班组生产任务较重，生产岗位干劲正足，出现了不安全因素或其他事故隐患，生产与安全发生矛盾时，如果班组长真正牢固树立了"安全第一"的思想，行动必然自觉，就是不生产，也应立即采取安全措施，及时处理事故隐患，消除不安全因素，使安全和生产都得到保障。反之，班组"安全第一"的方针不落实，即使是领导干部大会讲，小会布置，安全员督促检查，而当遇到安全与生产发生矛盾时，生产仍会成为硬指标，安全仍会变成软指标，安全生产必然无法保证。事实说明，不仅产量效益通过班组获得，就是安全工作也需要班组去落实。因此说，搞好安全生产，关键在于班组。

当前，我国一些高危险行业都在抓管理、制定标准，全面提高企业安全生产的管理水平和事故预防能力。其中，关键问题是通过班组，使安全生产法规得到落实，使操作程序执行力得到提高，使事故预防措施和应急预案能够有效。离开班组，安全生产的管理制度和规范将成为空中楼阁。因此，提高企业的安全生产水平必须从管理抓起，加强管理必须从基础抓起，基础工作必须从班组抓起。

5–27 为什么说班组是安全生产的归宿？

一个生产班组虽然人员较少，但是"麻雀虽小，五脏俱全"。企业的各项工作都要通过班组去落实，上有千条线，班组一针穿。企业精神的树立发扬、各项规章制度的具体实施、现代化管理方法的普及应用、双增双节目标的实现、企业的民主管理、民主监督措施的贯彻等一系列工作，都必须进班组。从企业的管理系统看，行政业务科室从生产调度、计划、技术、安全监察、财务、供应、行政、保卫工作，像一支支箭一样，通过区队射向班组，需要班组承担；政工部门又从组织、宣传、纪检、工会、团委、武装部各口经过区队布置下一项具体工作，最后都需要班组去贯彻落实，然后反馈。班组的每一项工作，每一个具体指标都牵动企业。比如，班组的生产任务完不成，企业的产量就受影响；消耗定额指标上升，质量下降，成本就上升，企业的效益就下降；事故率增加，企业的安全状况就不好；职工精神面貌不好，整个企业的精神素质就不会高。总之，班组的思想管理、经济技术管理、安全管理、民主管理都直接关系到企业的命运。企业的生命力蕴藏在各个班组之中，只有班组建设抓好了，企业的各项工作才能搞上去。

班组是企业安全管理的落脚点，企业领导，特别是基层领导要加大情感投入，切实关心职工，以情暖人，来弥补制度存在的缺陷和不足。要关心年长职工的生活，发挥其经验和技术的优势，做好传、帮、带工作，要理解中青年职工的创新精神，相信他们的能力，发挥他们的特长，使其成为班组建设的主力军，要尊重职工的劳动，与其保持平等、合作、友谊的关系，成为班组职工的知己，从而增强企业的凝聚力。

5–28 为什么说班组是增强企业生命力的源头？

所谓增强企业活力，是指企业的产品质量高，有竞争能力；品种多，适销对路；经济效益好，保持稳定增长势头。要达到此目的，除了要有一定的外部条件外，更重要的是深入开展内部改革，增强企业自身的生机，全面加强企业管理，提高企业整体素质；依靠技术进步，加速企业改造；树立商品的经济意识、不断增强企业竞争能力。

（1）要搞活企业，就要深化企业内部改革，增进企业班组自身的生机。企业活力的源泉在于企业每个班组劳动者的积极性、智慧和创造力。激发职工的积极性和创造性，增进职工的责任意识，是企业内部改革的基本目的。企业的班组是职工工作、活动的直接场所，是激发职工积极性和创造性的最重要的基本环节。职工只有置身于班组的生产及各项活动之中，才能亲身体验到责任的重大，才能激发积极性。

（2）要搞活企业，就要全面加强企业管理，提高企业的整体素质。班组是组成企业整体的基本单位。因此，首先必须全面加强班组管理，提高班组的整体素质。班组管理的核心是在提高班组长和全体职工素质的基础上优化劳动组合，实现人、财、物的高效结合和最佳运行，实现投入少、产出多、质量高、效益大。班组应当始终把加强管理、提高品质作为工作重点。粗放经济、浪费量大、纪律松弛、效率较低是许多企业长期存在的问题。因此，应当在班组进一步建立和健全科学的管理制度，严格劳动纪律，确保优质高效，不断向管理要效益。

（3）要搞活企业，就要依靠技术进步，加速企业改造，班组承担着重要任务。企业的技术水平高低关系到产品的质量和企业的成败。技术陈旧、设备老化、更新速度缓慢是企业亟待解决的问题。班组职工直接使用和掌握设备和技术，对产品质量的高低起关键作用。班组职工在生产实践中掌握了丰富的经验，就像流水之源一样取之不尽。班组的技术革新活动在企业技术改造中占有重要位置。班组的质量管理小组通过产品质量的全过程管理，在不需要任何投资的情况下，可以起到少花钱（或不花钱）多办事的效果。

引进国内外行业技术是企业技术进步的重要途径，对班组同样具有非常重要的作用。引进的国内外行业技术一般都是比较先进的，这就要求班组职工的素质与其相适应，并要求职工在较短的时间内掌握先进技术和操作、维修保养等要领，使引进的技术设备尽快投产，尽快达到生产化的要求。从以往企业的技术引进情况来看，某些企业在技术改造中投资很大，所用的技术设备都比较先进，但在很长时间内形不成生产能力，有的甚至报废。究其原因，其中之一是班组建设没有搞好。因此，重点要加强班组职工的技术培训、岗前训练、人员的编制及调整等。

（4）要搞活企业，必须在班组树立商品经济意识，不断增强企业竞争能力。由于我国企业长期以来实行计划经济模式，职工的商品意识和竞争意识较差，因此，企业班组必须树立起强烈的商品意识和竞争意识，加强管理，精打细算，注重质量、品种、成本和效益。在生产方面班组每个职工都要讲求增产节约，降低消耗，提高质量，积极开发新产品。

5－29 根据班组安全"细胞理论"，班组应处于什么安全状态？

要保证企业中"细胞"的健康成长，就要对"细胞"补充营养，加强其免疫能力。换句话说，就是班组要具有较高的安全状态，就需要进行班组建设。许多矿井的实践证明，安全搞得好，生产建设就能搞好。反之，必然影响生产建设。班组是企业的基层组织，班组的安全工作做好了，就能动员广大群众参加全员管理，就会使安全生产有可靠的基础和保证。为了保证安全生产，有的矿山曾提过："个人不违章，班组无轻伤，区队无重伤，企业无死亡"。

5－30 班组建设包括哪些具体内容？

班组建设是项涉及面广的综合性基础工作，它包括职工的思想管理、生产管理、安全管理、劳动与消耗管理、机电设备管理、民主管理、劳动竞赛以及作风建设等多方面的工作，可以说，企业的所做的工作都要通过班组去落实。班组工作虽然内容繁杂，但概括起来主要是三项建设，即组织建设、思想建设和业务建设。

5-31 什么是班组的组织建设？

组织建设是班组建设的前提条件，也是搞好班组工作的组织保证。班组的组织建设主要指班组长的选配、班组核心的形成以及科学合理的制度。

班组的制度建设，是指班组制定、执行和不断完善各种规章制度的过程。班组规章制度，是班组在生产技术经营活动中共同遵守的规范和准则。建立合理的班组规章制度，如岗位责任制、交接班制、经济核算制，以及安全、质量、设备、工具、劳动管理等制度，有助于实现班组的科学管理，消除班组工作中混乱和内耗现象，保证班组生产工作的顺利进行。

5-32 班组的组织建设包含哪些内容？

班组的组织建设主要包含以下四个方面的内容：

（1）合理设置班组。按照有利于生产，有利于安全，有利于管理和适应协作，有利于提高劳动效率和经济效益的原则，从实际出发，合理设置班组。

（2）组建班组核心。班组成员处在生产第一线，班组长是生产组织者和指挥者，处于承上启下的重要位置，可谓"兵头将尾"，班组长的选配十分重要。一定要选拔思想好、安全责任感强、技术精、懂业务、会管理、作风正、干劲足、有威信的人担任班组长。在班组长的带领下，形成班组核心，团结全班组成员共同完成生产任务。作为班组长，在企业中充当的是一个兵头将尾的角色，通过合理运用手中的权力，调动每个员工的工作积极性，使班组充满活力，为此必须做好班组长的选拔、培训、考核、激励等工作。班组长要做好表率。在班组建设中表率是指班组长的"自治"行为，在班组做表率不仅是让组员效仿，还是衡量班组长是否合格的基本标准。

（3）选配好"工管员"。班组的组织建设除了班组的合理构成外，还有班组的民主管理。班组民主管理是企业民主管理的重要组成部分，也是企业民主管理的基础。搞好班组民主管理，应注意以下两个问题：一是要建立健全班组民主管理制度，如思想政治工作、岗位经济责任、安全生产、文化技术学习、民主生活会等制度；二是要开好班组民主管理会和民主生活会，这是职工参加企业管理的重要形式，也是倾听职工呼声，讨论决定班组重大问题，了解职工工作、学习和生活情况的重要途径。

企业一般设"五大员"，即业务宣传员、经济核算员、安全检查员、设备工具员、生活福利员。这些"工管员"由班组成员民主推选，按照科学管理的方法，分工负责，各负其责。

（4）完善岗位安全责任制。岗位安全责任制最直接地体现了企业安全生产全员、全面、全过程、全天候的管理要求。在工作中能体会到：哪个班组岗位安全责任制执行得好，哪个班组安全生产就优，反之亦然。实践证明：岗位安全生产责任制是班组安全之魂。

5-33 建立岗位责任制有哪些要求?

建立岗位责任制的主要要求是:

(1)必须贯彻安全规程,严格执行安全技术标准;

(2)建立以班组长和班组安全员为主体的安全领导小组,本班组针对安全问题提出措施,发动班组全体成员,查隐患、查缺陷,开展技术革新,提出合理化建议;

(3)针对生产中的薄弱环节和重要工序,加强控制,稳定生产;

(4)班组组织群众性的自检、互检活动,支持专检人员工作。达到共同保安全的目的;

(5)及时反馈安全生产中的信息,认真做好原始记录,对发生的事故按"三不放过"的原则认真处理。

5-34 为什么要重视班组的思想建设?

生产班组的思想建设是企业思想政治工作的重要组成部分,也是加强班组建设的中心环节,它对于提高职工的思想政治素质,调动职工的积极性,保证各项生产任务的完成,有着重要、直接的作用。

5-35 班组的思想建设包含哪些内容?

生产班组思想建设,既要服从企业思想政治工作的根本任务,又要切合班组的实际,归结起来就是:协调处理班组内部关系,理顺情绪,化解矛盾,调动全体员工的劳动积极性,保证生产任务的顺利完成。在实际工作中,班组思想建设的内容包含着许多方面。它既要将企业和区队安排部署的教育任务融汇、渗透到班组工作中去落实,又要根据本班组的实际情况做好大量的、经常性的思想工作,从而使班组成为企业两个文明建设的前沿阵地。一般说来,生产班组日常的思想建设内容主要包括以下四个方面:

(1)经常性的形势任务教育;

(2)集体主义教育;

(3)劳动纪律教育;

(4)"安全第一"教育。

5-36 如何进行经常性的形势任务教育?

班组开展形势任务教育,主要是按照区队的统一安排,利用规定的政治学习时间和班前班后会来进行,所以必须讲求实效性。要注意解决好下面四个问题:

(1)要坚持实事求是,把真实情况告诉职工,讲形势,谈任务,要用事实说话,坚持用一分为二的观点去分析,既要宣传成绩和主流,又不避讳客观存在的问题与不足,让职工听了感到真实、可信;

(2)要把进行行业形势任务教育同企业、矿、区及班组的形势任务教育有机地、系统地结合起来,为职工理出一条清晰的思路,着重把完成本班组生产任务、面临的情况、具体目标、措施教给工人,使形势任务教育最终落实在保证和促进班组生产任务的完成;

(3)要注意启发引导职工,对照自己的精神状况、劳动态度、工作表现,在哪些方面与形势任务的要求还不相适应，以促使职工自觉地改造自己的主观世界，适应任务的要求，跟上形势的发展；

（4）要在讲事实的同时，教给职工用科学的思想方法，用全面的、辩证的、发展的观点去观察形势，分析问题，对待工作和生活。

5-37 如何进行集体主义教育？

生产班组是一个和谐的集体，员工生活、工作在班组这个"集体"中，必须要有集体观念，要突出团结协作这个重点。团结协作是集体主义的核心，也是社会化大生产的要求。班组员工工作在一起，团结不好，关系不顺，感情不融洽，班组就形不成有力的战斗集体，个人的力量也难以发挥出来。因此，班组长和班组骨干要善于搞好各成员间的团结配合，把班组内各方面的力量协调起来，凝聚在一起，让班组始终处于一个"拳头"的状态，一呼百应，关键时候冲得上、争得下。

5-38 如何进行劳动纪律教育？

作为一名员工，在册就要出工，出工就要出力，劳动就要守纪，这是最起码的要求。特别是安全生产，没有铁的纪律是不行的。纪律只有成为自觉遵守的纪律，才会起到真正的作用。在劳动中消极散漫、违章违纪不仅影响自己的劳动量，而且还会造成生命的危险。遵章守纪是每一个职工的义务和天职，谁违反了劳动纪律就应受到惩处。要善于通过发生在职工身边正反两面的典型事例，引导职工认清违章、违规的危害，批评违章违纪的人和事，形成"遵章守纪光荣，违章违纪可耻"的浓厚气氛。进行劳动纪律、要与必要的行政手段和经济手段相配套，对于那些纪律教育一听就懂，而实际工作中却我行我素的人，实施批评和处罚也是一种教育。只要多管齐下，多种措施并用，才能使之功能互补，相得益彰。

5-39 如何进行"安全第一"教育？

搞好企业安全，最根本的是要抓好自主保安。一方面需要职工个人的努力；一方面需要包括班组在内的集体力量。一般说来，集体在这方面的作用主要是做好对员工安全第一的教育，早打"预防针"，常敲"安全钟"，强化员工的自我保护意识。

5-40 什么是班组的业务建设？

班组的业务建设就是在生产、技术、经济活动中，不断学习和掌握各项专业管理技术，增强班组计划、组织、指挥、协调和控制的能力，使各项专业管理的要求在班组得到落实。

5-41 班组的业务建设包含哪些内容？

班组业务建设的内容，涉及班组生产管理、技术管理、质量管理、设备工具管理、劳动管理、安全文明管理、原始记录凭证和台账管理，以及推进企业班组现代化建设等方面，必须切实加强这些方面的工作，班组业务建设的好坏，直接影响班组生产工作任务的完成，因而是班组建设的中心内容，也是工作量最大，涉及面最广，最经常性的一项班组建设工作。工作中应注重从班组的安全业务技术培训来提高业务技术能力方面抓起。

（1）业务技术培训。安全技术培训就是为了解决在实际工作中所发现的问题，这就要求授课人员既要具备一定的理论知识，又要具备一定的实践经验。为了提高安全技术培训的教学质量，应建立起一支稳定的专兼职师资队伍。一是要求从事安全技术培训工作的专业人员，深入生产现场，了解情况，并适时对他们进行专业业务的培训；二是挖掘发现培养兼职培训授课人员，充分发挥生产现场工程技术人员、工作人员的技术优势，加强与他们的合作与协调，请他们走进课堂成为兼职教员，聘他们为现场指导成为现场教练，使他们能够随时随地进行形式多样的安全技术培训；三是要采用"走出去，请进来"的办法，聘请矿外专家学者授课，派出管理人员和专业技术人员学习新技术、新工艺、新管理方法，加强安全技术交流，拓展思维开阔眼界；四是要培训内容和生产实际相结合，增强安全技术培训工作的针对性、实用性，做到学以致用。

（2）业务技术能力。通过业务技术培训，员工应对本岗位应知应会的内容清楚，能在任何情况下准确地说出工艺和设备上存在异常现象的原因及处理方法，并能随时报出各种参数、数据，达到"一专多能"的企业生产特殊要求。同时，要加强班组的业务管理工作，保证生产的持续稳定。

5-42 班组现场安全管理主要包括哪些内容？

班组现场安全管理的内容主要包括：

（1）生产现场环境清洁卫生，无脏乱差死角，安全卫生设施完善，工作区域温度、湿度、亮度符合生产要求，"三废"排放、噪声等指标符合要求。操作室、交班室、更衣室等场所窗明几净。

（2）机器、设备、管理整洁，安全附件齐全，沟见底、轴见光、设备见本色。班组人员对本岗位的设备做到"四懂、三会"，严格执行设备巡回检查制度，及时消除事故隐患，及时消除跑冒滴漏。

（3）班组人员经安全培训合格，做到持证上岗，会正确穿戴和使用劳动保护用品，严格执行安全纪律、工艺纪律、劳动纪律，定时、定点、定线进行巡检，各种原始记录做到标准化、规范化、书写工整。

（4）材料、半成品、产品摆放整齐，各种工具器材实行定量化，做到物流有序，安全标志齐全，安全色标醒目。

（5）岗位工艺技术规程、设备维护检修规程、安全技术规程齐全，班组和岗位有安全规章制度，重要岗位实行操作票制度。

（6）班组在生产现场要做好各种信息的收集、传递、分析、处理工作，及时了解安全生产情况，及时处理生产中反映出的问题。

在班组生产现场管理中，通过导入"6S"管理活动（整理、整顿、清扫、清洁、素养、安全），形成以班组管理为活动平台，以人的素养为核心因素，以整理、整顿、清扫和清洁为环境因素，以安全、环保为目标因素的生产现场动态管理系统，从而为职工创造一个安全、卫生、舒适的工作环境。

5-43　为什么要重视企业生产班组的安全与质量管理?

企业生产班组的安全与质量管理,是由生产者和管理者共同采取的,保障班组成员生命健康和劳动成果质量的重要措施,它贯穿在班级生产的全过程。班组的安全管理,主要是指采取一切措施为生产者提供安全的工作环境;质量(主要是指工程质量)是指在生产第一线采取有效措施,保证和提高产品质量。"安全是员工的最大福利",从这一点上说,质量是员工的命根子。安全和质量具体统一在生产过程之中,特别是地下作业环境差,班组直接与自然灾害接触,这使得质量直接决定着班组成员的安全,从而直接影响着班组的生产和效益,进而影响整个集团的生产效益和人心稳定。由此可见,班组安全与质量管理是企业全面管理的重要组成部分,是企业安全质量管理的基础。

企业生产班组的作业环境和作业特点,要求班组在安全与质量的管理上,必须坚持"安全第一,预防为主"的方针,班组成员,特别是班组长,必须牢固树立高度的安全、质量意识,在生产的全过程中严格执行安全质量标准,达到安全好、质量优的目标。

5-44　为什么要树立高度的全员质量管理意识?

企业生产班组的作业环境是复杂多变的,经常受到各类物理、化学,甚至生物的危险危害因素的威胁。在现代工业生产的作业环境中,生产者必须具备认识、识别、预防和排除这些不安全因素的能力。

而培养这种能力的前提,是要有高度的安全意识。安全意识,是指人所处的时空和环境的安全感知,即生产者对生产环境的安全与危险正确认识,存在这种认识,才能自觉把握、遵循客观规律,指导安全生产和事故防范工作。因此,具有高度的安全意识,是对每个班组成员的起码要求。在生产过程中,安全质量意识时刻支配着生产者的行动。

5-45　班组全员安全意识主要表现在哪些方面?

班组全员安全意识主要表现在以下几个方面:

(1)在指导思想上,能够全面理解"安全第一"的安全生产方针,接受安全生产正规培训。

(2)在生产过程中,能够自觉正确处理好安全与生产、安全与效率的关系,坚持不安全不生产。班组的兼职安全监督人员,在自己搞好安全生产的同时,敢于监督其他人员,保障"人人讲安全,人人做安全,人人会安全"。

(3)在企业生产班组中,一般有兼职安全质量监督员,这部分人员是班组搞好安全生产的骨干,对他们的要求不仅是自身安全意识的强化,而且还要有高度的责任心和监管意识,能够摸清身边员工在不同条件下对安全的认识,在生产中给对方以帮助,及时地制止"三违"现象(违章作业、违章指挥、违反纪律)。

5-46　班组全员安全意识对班组长的安全意识有什么要求?

班组全员安全意识集中体现在班组长身上。班组长是班组安全质量管理的第一责任者,班组长的安全意识,体现在对班组安全质量的组织安排,执行操作的管理协调上。班组长在安全生产一线,必须做到"眼观六路,耳听八方",因此对班组长的安全意识有三个基本要求：

（1）班组长要熟知班组成员的"脾气"，掌握每个人的安全意识，谁容易出问题，谁容易在某一个问题上出事故等。只有具有这种本领，才能有的放矢，在安排工作时心中有数，因人而异。

（2）在安全的执行操作上，班组长直接盯现场，善于发现问题，解决问题，反应敏锐，果断利落的作风，是班组长极为重要的一个素质。

（3）班组长在安全的管理协调上，要以严格的标准、一丝不苟的工作态度，认真做好思想工作，督促启发全体成员正规操作、干标准活的自觉性。总之，要求班组长学会"弹钢琴"的工作方法，在生产与安全中，既兼顾两者，又会抓重要方面。另外，还要加强对班组长安全的理论和业务培训，创造条件支持他们的工作，使之更好地发挥作用。

近几年来，企业在加强生产班组的安全管理，树立班组全员高度的安全意识方面，做了大量的工作，取得了较好的效果。但是"三违"现象屡禁不止，发生重大恶性事故与过去相比虽呈减少趋势，但却出现新的特点：潜在事故多，即在生产者不注意的时候，不安全因素已构成了威胁。这说明，在生产中即使规章制度很齐全，管理手段很严密，但安全意识淡薄，思想麻痹，工作图省事，放松对事故隐患的警觉，仍是导致事故多发的主要根源。实践表明，班组全员安全意识已成为班组安全管理的一个关键问题。

5－47 如何严格执行企业安全质量标准？

生产班组能否严格执行安全质量管理标准，关键是必须使班组成员认识到安全的基础是质量标准化，大搞质量标准化是实现安全生产的首要措施，真正从思想上、行动上树立"工程质量是企业的命根子。干一辈子企业，抓一辈子质量标准化"的观念，克服过去那种"手是尺，眼是线，凑凑合合往前干"的旧习惯，把工作秩序、操作行为和工作成果纳入正规化、标准化管理。对于标准的应知应会要求班组长要比别人更全面、更熟练，还要制定评比标准。评比体现出班组安全质量的管理，班组长要通过评比，培养全体成员的安全质量意识和执行规程标准的自觉性。

在掌握安全质量管理标准的基础上，要全员、全方位、全过程严格执行标准。全员是指以班组长为首的全体班组成员；全方位是指所有的工种、岗位；全过程是指整个工艺流程。"三全"形成一个严密的完全质量管理网络。"三全"是以人为本的，只有严谨安全的作风，才能保证人人执行标准，干标准活。在工程实施中，每一个环节都要动尺动线，一丝不苟，把各项质量标准落到实处。班组长在"三全"管理过程中，要"严"字当头，敢于批评，对不合标准的工作坚决推倒重来，以防埋下后患。

5－48 如何对安全质量实施目标管理？

对班组推行安全质量目标管理是一种具有激励作用的管理方式。安全目标管理就是围绕企业安全生产的总目标，结合班组安全生产实际，对班组提出安全生产的具体要求和目标，并为实现这一目标采取的保证措施。为实行有效的班组生产目标管理，要做好如下几点：

（1）安全目标的确定。根据企业的总体规划和年度安全生产目标，针对班组各施工项目生产任务实际情况，制定该年度或一段时期的安全生产目标。

（2）编制安全生产目标管理责任书。每年年初对班组或项目经理，在安全生产目标确定后，对班组签订《安全生产目标管理责任书》，让班组成员明确知道安全生产目标和责任。

（3）推行安全生产目标管理考核机制。每年年末要对班组的《安全生产目标管理责任书》中的安全目标和要求进行考核，测评业绩和成效。在考核测评的基础上，要进行奖惩，以激励班组安全生产的积极性和自觉性。

参 考 文 献

[1] 国家安监总局. 企业安全文化建设导则（AQ/T 9004—2008）[S]. 2009.

[2] 国家安监总局. 企业安全文化建设评价准则（AQ/T 9005—2008）[S]. 2009.

[3] 徐德蜀，邱成. 企业安全文化简论 [M]. 北京：化学工业出版社，2005.

[4] 铁路企业管理论坛丛书编委会. 2008 企业文化与安全 [M]. 北京：中国铁道出版社，2008.

[5] 栾兴华. 化险为益：企业安全文化建设实务 [M]. 深圳：海天出版社，2009.

[6] 田宇平，周凤鸣. 电力企业安全文化问答 [M]. 北京：中国电力出版社，2002.

[7] 蒋庆其. 电力企业安全文化建设 [M]. 北京：中国电力出版社，2005.

[8] 王炳山. 企业安全文化与社会责任 [M]. 北京：中国工人出版社，2008.

[9] 郑晓斌. 现代企业安全文化手册 [M]. 北京：中国商业出版社，2012.

[10] 郑希文. 企业推进安全文化建设新做法与新经验 [M]. 北京：中国劳动社会保障出版社，2012.

[11] 高武，樊运晓，张梦璇. 企业安全文化建设方法与实例 [M]. 北京：气象出版社，2011.

[12] 罗云. 企业安全文化建设 [M]. 北京：煤炭工业出版社，2007.

[13] 李永新. 企业安全文化研究 [M]. 北京：中国财政经济出版社，2008.

[14] 史有刚. 企业安全文化建设读本 [M]. 北京：化学工业出版社，2009.

[15] 王亦虹，李伟. 企业安全文化评价体系研究 [M]. 天津：天津大学出版社，2011.

[16] 国家安全生产监督管理总局政策法规司 [M]. 安全文化知识读本. 北京：煤炭工业出版社，2011.

[17] 王淑江. 企业安全文化概论 [M]. 徐州：中国矿业大学出版社，2008.

[18] 柴建设. 核安全文化理论与实践 [M]. 北京：化学工业出版社，2012.

[19] 萧枫. "四特"教育系列丛书——环境与安全文化建设 [M]. 长春：吉林出版集团，2012.

[20] 罗云. 班组长安全文化手册 [M]. 北京：煤炭工业出版社，2010.

[21] 吴同性，等. 基于文化塑造的煤矿本质安全管理研究 [M]. 武汉：中国地质大学出版社，2011.

[22] 张传毅. 安全文化建设研究 [M]. 徐州：中国矿业大学出版社，2012.

[23] 郑晓斌，杜正梅. 现代企业安全文化手册 [M]. 北京：中国商业出版社，2012.

[24] 宋守信，陈明利. 电力安全文化管理 [M]. 北京：中国电力出版社，2009.

[25] 李爽. 我国煤矿安全文化系统研究 [M]. 徐州：中国矿业大学出版社，2012.

[26] 班组安全 100 丛书编委会. 班组安全文化建设 100 谈 [M]. 北京：中国劳动社会保障出版社，2012.

[27] 第四届北京安全文化论坛论文集编委会. 第 4 届北京安全文化论坛论文集 [C]. 北京：石油工业出版社，2010.

[28] 匡志海. 核电厂安全文化 [M]. 北京：原子能出版社，2010.

[29] 崔生祥. 职工安全教育手册/最新职工文化建设与素质修养指导丛书 [M]. 北京：中国工人出版社，2008.

[30] 郭军. "方圆"安全文化的探索与实践 [M]. 北京：煤炭工业出版社，2011.

[31] 谷国兴，刘文朝. 安全为天（成庄矿安全文化手册）[M]. 北京：煤炭工业出版社，2011.

[32] 刘德辉. 企业安全文化建设评价准则 [M]. 北京：中国工人出版社，2009.

[33] 李飞龙. 安全文化建设与实施 [M]. 北京：中国劳动社会保障出版社，2011.

[34] 刘传德. 安全至上/秦山核电公司企业文化建设之路 [M]. 北京：原子能出版社. 2006.

［35］山西省电力公司. 安全文化建设读本［M］. 北京：中国电力出版社，2007.

［36］张献青，李靖莉. 安全文化与安全发展/全国安全文化学术会议论文集［C］. 济南：齐鲁书社，2008.

［37］王玉海，姚峰. 构建和谐矿区之路/柴里煤矿安全文化创新实践［M］. 徐州：中国矿业大学出版社，2005.

［38］徐德蜀. 安全文化通论［M］. 北京：化学工业出版社，2004.

［39］吴超. 大学生安全文化［M］. 北京：机械工业出版社，2005.

冶金工业出版社部分图书推荐

书 名	定价(元)
煤矿安全技术与管理	29.00
矿山企业安全管理	25.00
矿山安全工程	30.00
安全生产行政处罚实录	46.00
安全生产与环境保护	24.00
安全系统工程	26.00
安全评价	36.00
安全学原理	27.00
安全系统工程	24.00
安全科学及工程专业英语	36.00
产品安全与风险评估	18.00
系统安全评价与预测	26.00
金属矿山安全生产400问	46.00
综采工作面人－机－环境系统安全性分析	32.00
我国金属矿山安全与环境科技发展前瞻研究	45.00
现代矿山生产与安全管理	33.00
矿山安全与防灾	27.00
地下矿山安全知识问答	35.00
煤气安全知识300问	25.00
煤矿钻探工艺与安全	43.00
煤矿生产仿真技术及在安全培训中的应用	20.00
冶金安全防护与规程	39.00
化工安全	35.00
金属矿山环境保护与安全	35.00
冶金煤气安全实用知识	29.00
职业健康与安全工程	36.00
燃气安全技术与管理	35.00